智能物联网高能效协同通信技术

冀保峰　李春国　著

科 学 出 版 社
北 京

内 容 简 介

本书利用中继协同物联和能量收集算法等前沿新技术，对单中继增强型多天线物联通信系统联合功率分配、多分布式中继协作增强型智能物联联合波束成形、多天线双向中继协作转发方案最优设计、多中继双向协作的分布式方案及渐进性分析、环境反向散射系统中的信息传输与能量收集设计进行了全面深入研究；提出了基于可达速率最大化的中继物联增强型MIMO 系统联合功率分配方案，实现了多中继物联系统波束成形联合优化设计，分析了多双向中继协同物联分布式实现的渐进最优性，构建了环境反向散射通信大规模节点的多跳传输系统，可望显著增强智能物联网络的频谱效率和能量效率性能，最终实现智能物联的高能效协同传输应用。

本书可作为高等院校物联网相关专业学生的参考用书，也可供物联网从业人员学习参考。

图书在版编目(CIP)数据

智能物联网高能效协同通信技术/冀保峰，李春国著. —北京：科学出版社，2023.12

ISBN 978-7-03-074317-6

Ⅰ.①智… Ⅱ.①冀…②李… Ⅲ. ①物联网-应用-协同通信-研究 Ⅳ. ①TN911

中国版本图书馆 CIP 数据核字（2022）第 241057 号

责任编辑：孙露露 王会明 / 责任校对：马英莉
责任印制：吕春珉 / 封面设计：东方人华平面设计部

科学出版社 出版
北京东黄城根北街 16 号
邮政编码：100717
http://www.sciencep.com
天津市新科印刷有限公司 印刷
科学出版社发行 各地新华书店经销
*
2023 年 12 月第 一 版 开本：787×1092 1/16
2023 年 12 月第一次印刷 印张：7
字数：165 000

定价：88.00 元

（如有印装质量问题，我社负责调换〈新科〉）
销售部电话 010-62136230 编辑部电话 010-62135763-2010

前　言

人们日益增长的通信需求促进了物联网通信的快速发展，如何在有限的频谱资源上实现高效且可靠的数据传输是物联网通信首先要解决的问题。此外，随着空天地海一体化通信网络的部署和发展，如何在有限的频谱资源上实现高频谱效率和高能效的物联通信系统也成为亟待解决的难题。

目前，无线物联的发展存在以下几个问题。

(1) 通信带宽和功率受限。未来无线通信系统需支持比第四代移动通信系统大得多的数据传输速率，高带宽的要求只能在更高的工作频段才能满足，而由于路径损耗增大，传统的蜂窝网络不得不降低传统小区的覆盖面积，从而带来频谱资源紧张、小区间容易存在更多通信盲区等问题；同时，基站个数的增加无疑将提高运营商的组网成本，降低其市场竞争力，而密度过高的基站部署又会导致小区间的严重干扰。因此，需要更高效利用无线资源来扩展系统覆盖以提高系统性能。

(2) 射频识别成本高且距离短。物联网的关键技术之一是射频识别，通过射频识别技术来反映和控制物品的状态。射频识别系统中包含电子标签、读写器和高层处理系统。电子标签中主要包括内置电线、存储模块、射频模块和控制模块。读写器主要包括天线、时钟电源、射频模块和读写模块。当电子标签接收到读写器发送的信号后，按请求将自身携带的信息发送给读写器，利用射频信号的空间耦合，在互相无接触的情况下完成通信；而电子标签则需要一直反射，在感应到读写器信号时，将自身信号发送给读写器。但由于电子标签较小、无法供电发送信息且需要消耗一定的能量，因此该系统仅能支持较短距离通信，且电子标签无法携带太多的信息。短距离传输和只能携带较少信息已经无法满足未来智能物联通信的需要。

(3) 无线携能通信利用率不高。物联网应用在各行业诸多方面，因此，传感器在终端通信设备中大规模使用无法避免，而终端通信设备大部分需要配置体积较小、位置较灵活的传感器，使得大部分终端通信设备无法充电，只能依靠电池供电，而更换电池或直接弃用都会造成环境污染和资源浪费。目前，全世界都在大力提倡环保，全球变暖、海洋污染、空气质量恶化等问题制约着全球生物的生存，走可持续发展的道路才是明智之举。物联网通信设备虽然大多是低功率运行，但其数量众多，能源损耗将会更大。随着科技的进步，小型化电子系统可以通过越来越低的能量运行，进一步促进人们对节能和携能通信的探索。通信系统节能通信以及携能通信等方面的研究，有望降低能源损耗，为环保贡献力量。

鉴于以上问题，中继协同物联和能量收集技术的提出，可以有效克服物联网路径损耗和大尺度衰落等影响，快速恢复突发灾难地区的通信连通性，并且结合能量收集等无线携能通信技术，显著增强智能物联网络的频谱效率和能量效率性能，以及智能物联的高能效协同传输应用。本书具体研究内容和主要贡献如下。

（1）提出了基于可达速率最大化的中继物联增强型多输入多输出（multiple-input multiple-output，MIMO）系统中的联合功率分配方案。首先，基于系统可达速率最大化的准则建立了数学模型，并证明了相应的代价函数仅对于部分参数是凸函数，而对于全局参数是非凸函数；其次，通过推导系统可达速率函数的下界得到一个修正的代价函数，从而将非凸问题转化为一个联合凸优化问题，进而利用凸优化方法获得联合功率分配系数；最后，利用代价函数的部分凸性设计了一个迭代算法，可获得联合功率分配问题的最优解，为了加快该迭代算法的收敛速度，设计了一个简化的迭代算法。

（2）提出了基于均方误差最小化的中继物联增强型 MIMO 系统的联合功率分配方案。首先，建立了相应的数学模型；其次，证明了相应代价函数关于部分参数是凸函数而关于全局参数是非凸函数；最后，通过推导系统均方误差函数的上界，把非凸问题转换为联合凸优化问题，从而能够使用高效的凸优化方法获得联合功率分配系数。为了充分利用所有可用自由度，基于代价函数的部分凸性设计了迭代算法一，该算法用于求解最优功率分配系数；为了加快迭代算法一的收敛速度，利用不等式放大方法修正系统误差函数以获得更好的凸性，进而利用这些更好的凸性修正算法一，得到收敛速度更快的迭代算法二。分析表明，上述两个迭代算法的收敛性都得到了保证。计算机仿真表明，所提两个迭代算法获得了明显的性能增益，并且以很快的速度收敛。

（3）研究了多中继辅助 MIMO 系统波束成形联合优化设计。首先，推导出接收信噪比的下界，并基于该下界建立了联合波束成形的数学模型；其次，推导出所有中继的分布式波束成形最优方案；最后，设计出多天线信源的波束成形优化算法，并且设计出信源与中继之间的联合波束成形优化算法。所提方案充分利用系统的所有自由度，从而获得明显的性能增益。

（4）针对双向中继转发协议，深入研究了并行 MIMO 中继物联系统中的协作转发方案最优设计。首先，基于最小均方误差（minimum mean square error，MMSE）准则，通过对系统上下行链路进行联合优化得到最优并行 MIMO 中继协作转发方案，该方案能够获得系统最优 MMSE 性能；其次，基于该最优方案，分别针对移动用户和游移中继的通信场景，利用部分信道信息提出了鲁棒的多个双向中继协作转发方案。所提最优方案获得了明显的误码性能增益和可达速率增益，并且所设计的两个鲁棒性实现方案在实际通信场景中具有很好的信道适应性。

（5）研究了多双向中继协同物联传输的分布式实现方案及其渐进最优性分析。首先，通过高信噪比近似推导出系统均方误差函数的上界，并且利用该上界建立了相应的数学模型；其次，通过矩阵变换和公式推导得到该数学模型的最优解；最后，得到相应的分布式实现方案。该方案避免了集中式处理方案中需要“每个中继必须获知整个物联网系统的全部信道信息”这一苛刻条件，只需要“每个中继获知各自的前后信道信息”就能达到多个双向中继协作转发的效果。所提方案不但避免了集中式处理所需要的中央控制器和很大的反馈开销，而且获得了明显的性能增益；理论分析表明该方案具有渐进最优性。

（6）针对传统/双站反向散射技术通信距离受限，以及大规模电子标签/传感器与读写器之间传输效率低且干扰严重等问题，本书开展环境反向散射通信系统中大规模电子标签/传感器多跳信息传输技术及理论的研究。由于环境反向散射的能量源于环境，其通信模式不同于现有无线通信系统。本书设计出大规模标签/传感器环境下基于 WiFi 架构进行能量收集和无线传输的多跳通信协议，构建出了一个通信频谱效率高并且能效高的多用户中继协同网络，基于现有 WiFi 架构设计了反向散射的传输方法，主要设计了后向兼容的环境反向散射多跳协同传输信令交互协议。然后对新型通信网络以能效最大化进行了优化分析，在保证用户所需能量的前提下，利用高信噪比近似法和拉格朗日乘子法对源端节点的发射功率和中继节点的分流因子做了联合优化，并对系统前传链路的能效进行了仿真分析，证明对系统源端发送功率和功率分流因子进行联合优化的有效性；又对系统回传链路进行了仿真，给出了系统回传链路的吞吐量和误比特率（bit error ratio，BER），证明了回传链路采用物理层网络编码的有效性。

由于作者水平有限，书中不足之处在所难免，欢迎广大读者提出宝贵意见和建议。

目　　录

第1章 绪 论

1.1 无线物联

随着互联网的普及和发展，网络已经渗透到人们日常生活的方方面面。人们如今不再单纯地进行人与人之间的网络通信，而是越来越迫切地需要与物体保持网络联系，这就促进了物联网的蓬勃发展。目前，物联网已经成为 5G（5th generation of mobile communications technology，第五代移动通信技术）通信中的一个重要发展方向。

1.1.1 物联网的发展历程

2005 年，国际电信联盟（International Telecommunication Union，ITU）发布了《ITU 互联网报告 2005：物联网》，首次正式提出物联网的概念。物联网是基于互联网将人与物联系起来的技术，通过大规模传感器建立起物与物通信及物与人通信的桥梁，实现机器与人之间的信息传输，使得人们可以实时监控并远程控制物品。在过去几年中，物联网得到了飞速发展[1-2]。随着经济的增长与科技的发展，人们的生活水平日益提高，对通信的需求从最初的语音通信发展到如今的数据、流媒体等多种实时业务，应用场景涉及人们的生活、工作和娱乐等各个方面。近年来，无线移动通信技术得到了迅猛发展和广泛应用，已经成为影响人类生活的重要先进科技之一。尽管 LTE（long term evolution，长期演进技术）系统与 4G（4th generation of mobile communications technology，第四代移动通信技术）成熟发展并成功商用使无线数据传输速率与网络容量获得了巨大的提升，但是仍旧无法满足指数级增长的无线数据流量需求，无线网络目前仍面临巨大的挑战。无线通信采用电磁波进行信息传递，这就使得无所不在的即时通信成为可能。因此，面对呈爆炸式增长的移动数据流量，关于 5G 标准与关键技术的探究已经成为国内外通信业界的前沿课题。多跳中继协作技术与大规模 MIMO 就是追求高速可靠的无线通信而产生的关键技术，也是目前为提高通信质量所做研究最多的研究方向。

随着研究的不断进步和发展，物联网已经开始在各行各业广泛应用，如图 1.1 所示。

物联网的概念最早是在美国提出的，当时设想为了实现对物品的追踪与信息传递，给每一个物品分配了一个代码，并且曾经在军事领域采用了射频识别技术来辨别敌军。近年来，物联网发展迅速，世界各国都在加大研究力度。2011 年，物联网被确认为我国战略性发展产业之一，我国也开始进一步对物联网进行探索。

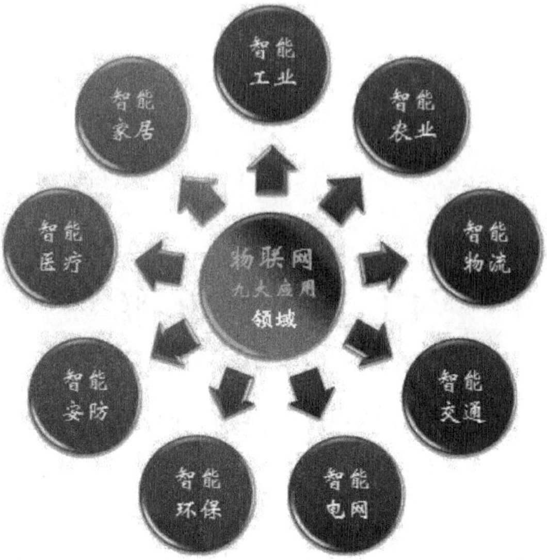

图 1.1　物联网应用领域

随着互联网的发展，物联网不再是一个简单的代码，而是作用在互联网之上，可实现与任何物体进行信息交换和通信的网络。物联网与互联网最大的区别是用户由普通终端拓展到了物品，实现了人与物之间的普遍通信。随着人们生活质量的提高，家用车辆已经成为生活必需品，近些年道路上的车辆数量快速增加，国家在管理交通方面也投入了大量的人力物力，交通管理部门采用了物联网智能交通技术，如交通管理、超速检测、电子收费、交通信息传送等，以提供更加便捷的交通服务。在生活中，物联网智能设备也无处不在。基于物联网诞生的智能家居也颇受大众的喜欢，人们通过远程遥控家用电器，使得生活更加轻松舒适，电器监控和智能防盗也提高了人们生活的安全性。除此之外，智能医疗也是物联网发展的重要方向之一。目前，我国的人口老龄化越来越严重，而子女由于生活压力无法一直在父母身边照顾，“空巢老人”的健康问题成为社会的关注点，智能医疗的发展使子女或者医生可以远程监控老人的身体状况，避免老人出现意外。

物联网的快速发展给人们的生活和工作带来巨大的便利，而物联网发展的最终目标是实现全智能的世界，实现万物互相连接的世界，实现这一目标需要大家的共同努力。

1.1.2　无线物联存在的问题

人们日益增长的通信需求促进了物联网通信的快速发展，如何在有限的频谱资源上实现更加高速、可靠的数据传输是物联网通信首先要解决的问题。目前，无线物联的发展存在以下几个问题。

1. 通信受到带宽和功率的限制

未来无线通信系统需要支持比第四代移动通信系统大得多的数据传输速率，高带宽的要求只能在更高的工作频段才能满足，而这时由于路径损耗增大，传统的蜂窝网络不得不降低传统小区的覆盖面积，这样就带来频谱资源紧张、小区间容易存在更多的通信盲区等问题；同时，基站个数的增加无疑将提高运营商的组网成本，降低其市场竞争力，而密度过高的基站部署又会导致小区间有严重的干扰。因此，需要更有效地利用无线资源，扩展系统覆盖，极大地提高系统性能。新型网络结构的设计及无线传输技术的变革迫在眉睫，无线中继协作通信及多跳传输技术的引入对于解决目前面临的通信瓶颈问题至关重要。

2. 目前射频识别技术成本高，通信距离短

物联网的关键技术之一是射频识别，通过射频识别技术来反映和控制物品的状态。射频识别系统中包含电子标签、读写器和高层处理系统。电子标签中主要包括内置电线、存储模块、射频模块和控制模块。读写器主要包括天线、时钟电源、射频模块和读写模块。当电子标签接收到读写器发送的信号后，按请求将自身携带的信息发送给读写器，利用射频信号的空间耦合，在互相没有接触的情况下完成信息通信。电子标签则需要一直反射，在感应到读写器的信号时，将自身信号发送给读写器。但是由于电子标签较小，无法供电，发送信息又需要消耗一定的能量，因此该系统仅能支持较短距离的通信，且电子标签无法携带太多的信息。短距离传输和只能携带较少信息已经无法满足目前的物联网通信，双站反向散射虽然可以给电子标签供电，但载波发生器会明显增加系统成本，对远距离传输及电子标签的携能技术的研究也迫在眉睫。

3. 无线携能通信的利用率不高

物联网应用在人们生活的方方面面，因此，传感器在网络终端设备中大规模使用无法避免。终端通信设备大部分都需要配置体积较小、位置灵活的传感器，这就使大部分设备无法充电，只能电池供电，而更换电池或直接弃用都会造成环境污染和资源浪费。目前，全世界都在大力提倡环保，全球变暖、海洋污染、空气质量恶化等问题都在制约着全球生物的生存，走可持续发展的道路才是明智之举。物联网中电池供电的局限性是功率受限，目前移动网络就已经消耗了相当大的能量，全球约 600 万个蜂窝网消耗了 120 亿瓦的功率[3]，并且蜂窝网还处于快速发展阶段，未来会需要更多的能量来维持蜂窝网运作。物联网的快速发展也会面临同样的问题，物联网中的通信设备虽然大都是低功率运行，但是其数量众多，能源损耗将会更大。近些年，绿色通信逐渐吸引了研究者们的目光，随着科技的进步，越来越小的电子系统可以通过越来越低的能量运行，进一步促进

人们对节能和携能通信的探索。通过对通信系统节能通信以及携能通信的研究，有望降低能源损耗，为环保贡献力量。

1.2 无线物联中常用无线信道衰落模型

不同于有线信道，无线信道由于传输路径的不确定性，其信道特征具有多变性，如建筑物阻挡、天气变化、终端移动等都会对信道产生影响。无线电的传输方式主要有三种：反射、散射和衍射。无线信道的典型特征是衰落现象，即信号在时间和频率上的波动。信号恶化的主要原因有噪声和衰落。当移动台的移动距离较小时，接收信号在短期内快速波动，即常说的小尺度衰落。信道的传播环境分为两种：视距（line-of-sight，LOS）环境和非视距（non-line-of-sight，NLOS）环境，如图 1.2 所示。

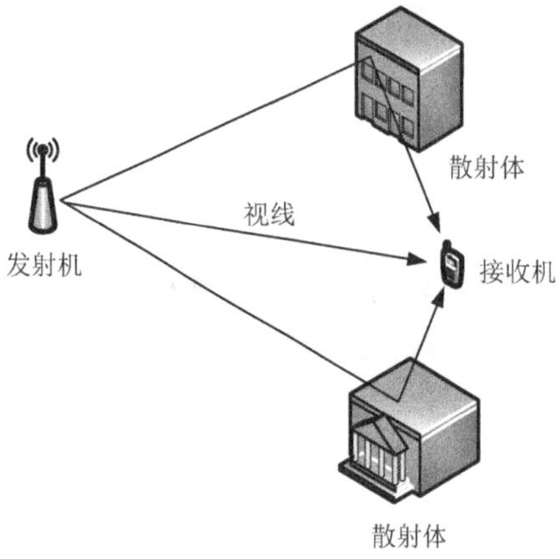

（a）LOS 环境

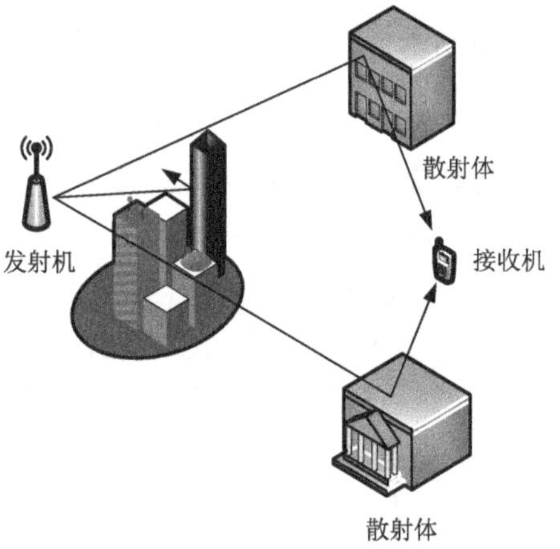

（b）NLOS 环境

图 1.2　LOS 环境和 NLOS 环境

LOS 环境中信道服从 Ricean（莱斯）分布，NLOS 环境中信道服从 Rayleigh（瑞利）分布，而 Nakagami-*m* 信道具有普适性，可包含 Ricean 分布和 Rayleigh 分布。下面介绍这三种常用的信道模型。

1.2.1 Rayleigh 衰落

Rayleigh 衰落的传播环境为 NLOS 环境，在此环境下无线信号的传输会被密集建筑反射、折射、衍射而造成衰减，接收信号是多条传输路径输出的电磁波信号的叠加，不存在视距信号。

Rayleigh 衰落信道的增益幅度 X_{pq} 服从 Rayleigh 分布，Rayleigh 分布服从均值为 0、

方差为σ^2的平稳窄带高斯随机过程。

增益幅度X_{pq}的概率密度函数（probability density function，PDF）表达式为

$$f_{X_{pq}}(x)=\frac{x}{\sigma^2}\mathrm{e}^{\frac{x^2}{2\sigma^2}},\ x\geqslant 0 \tag{1-1}$$

式中，σ^2是无线信道增益幅度X_{pq}的方差，$E\left\{X_{pq}^2\right\}=2\sigma^2$，$E\{\cdot\}$为求期望，$X_{pq}^2$为卡方随机变量($\chi^2$)。

1.2.2 Ricean 衰落

Ricean 衰落的传播环境为 LOS 环境，其传输模型包括小区网络中的地面通信传输、室内的 Picocell 网络传输、卫星通信等。

Ricean 衰落信道的增益幅度X_{pq}服从 Ricean 分布，其接收信号复包络的概率密度函数表达式为

$$f_{X_{pq}}(x)=\frac{(1+K)x}{\sigma^2}\mathrm{e}^{-K\frac{(1+K)x^2}{2\sigma^2}}\mathrm{I}_0\left(2x\sqrt{\frac{K(K+1)}{2\sigma^2}}\right),\ x\geqslant 0 \tag{1-2}$$

式中，K为莱斯因子，等于 LOS 分量的功率与散射分量的方差之比。当$K=0$时，表明 Ricean 衰落信道转变为 Rayleigh 衰落信道；当$K=\infty$时，表明信道无衰落，此时信道的散射分量为零，接收信号中只有 LOS 分量。σ^2为无线信道增益幅度X_{pq}的方差，即$E\left\{X_{pq}^2\right\}=2\sigma^2$。$\mathrm{I}_0(\cdot)$为零阶修正的第一类贝塞尔函数，其定义为

$$\mathrm{I}_0(x)=\frac{1}{2\pi}\int_0^{2\pi}\mathrm{e}^{-x\cos\theta}\mathrm{d}\theta \tag{1-3}$$

1.2.3 Nakagami-*m* 衰落

Nakagami-m 衰落服从 Nakagami-m 分布。Nakagami-m 分布更适用于信道的实际传输状况，常用于长距离信道中高频信号的快速衰落现象。Nakagami-m 分布的实验数据较好，可以非常精确地表征地面无线通信信道、室内移动通信信道等多径无线衰落信道。

Nakagami-m 衰落信道的增益幅度X_{pq}服从 Ricean 分布，其接收信号复包络的概率密度函数表达式为

$$f_{X_{pq}}(x)=\frac{2}{\Gamma(m)}\left(\frac{m}{\Omega}\right)^m x^{2m-1}\mathrm{e}^{-\frac{mx^2}{\Omega}},\ x\geqslant 0 \tag{1-4}$$

式中，Ω为信道增幅的平均功率，$\Omega=E\left\{X_{pq}^2\right\}$；$m$为 Nakagami-$m$ 衰落指数，表示为

$$m = \frac{\Omega^2}{E\left[\left(X_{pq}^2 - \Omega\right)^2\right]}, \quad m \geqslant \frac{1}{2} \tag{1-5}$$

衰落指数 m 的取值决定了 Nakagami 的分布情况，当 $m=\frac{1}{2}$ 时，Nakagami-m 分布是单边高斯分布；当 $m=1$ 时，Nakagami-m 分布转化为 Rayleigh 分布；当 $m=\infty$ 时，则表示信道无衰落，此时的概率密度函数变成冲激函数，信道为静态信道。

1.3 无线物联常用技术

1.3.1 中继协作通信技术

在无线通信中，中继协作通信技术是在原有站点的基础上，通过增加一些新的中继站来加大站点分布密度，以协助原有站点进行通信。这些新增的中继站点和原有基站都通过无线信道连接。

1.3.2 中继协作通信技术的提出与发展

19 世纪末，丹麦数学家爱尔兰（Erlang）首次提出了中继理论的基本原理，他想要通过系统有限的能力使更多的用户得到服务。20 世纪 70 年代，三节点通信模型被提出，这是最早的中继协作技术。近些年，Sendonaris 等[4-5]首先提出了一种新的空间分集技术——协作分集，其基本思想是给系统中的信源信宿对配备一个或多个协助其通信的节点，那么每个终端在接收信息的过程中既利用了自身的空间信道，也利用了其协作者的空间信道，从而获取了一定的空间分集增益；另外，用户协作还可以降低系统的中断概率，提高通信的鲁棒性。进一步，Kramer 等[6]分析了中继信道的协作策略和容量定理，Laneman 和 Wornell[7]深入研究了协作分集的实现策略和获得全分集的分布式空时码等中继处理算法。这些早期关于中继协作的工作引起了学术界和产业界的广泛关注，有人专门详细讨论了无线网络中协作的理论和应用。

采用中继通信时，在单向中继的传输过程中，下行数据先到达原有基站，然后传给中继节点，中继节点对接收到的信号进行处理，再传输给终端用户；上行则与之相反。这种方法拉近了天线和用户的距离，可以有效地改善终端用户的链路质量，从而提高了系统的频谱效率和用户的数据传输速率。诸多学者通过研究表明，协作分集在平坦衰落的环境中，在不明显改变骨干网络的同时，解决或者部分解决了目前通信网络中存在的问题，增加了系统的容量，提高了网络的服务质量，改善了网络系统的性能。

在通信系统中采用固定中继站已有较广泛的研究和发展。典型的无线信道受到阴影和衰落的影响，导致系统的性能降低。即使目前已经可以通过给设备配备多天线去获得更大的空间分集增益，但是由于物联网中的设备体积较小，并且配备多天线会增加复杂度和成本，因此在物联网通信中配备多天线暂不可行。当源端与终端因距离、功率等原因无法直接通信时，使用中继站来协助通信是一个不错的选择。中继站通过低代价和低发射功率的无线信道将数据传输给用户，并将用户的数据传输给基站。在物联网中加入中继站，并在链路传输及调度中引入协作通信的思想和基于中继的分布式处理技术，被认为可以在不明显改变骨干网络结构的同时能显著提高网络的传输性能和网络的覆盖面积。研究表明，基于中继的物联网网络结构可以有效降低由于路径损耗造成的功率资源浪费，提高频谱利用率，并可利用自组织点对点（Ad Hoc）网的多跳连通思想提高网络的抗毁性能。应用中继站可以扩展网络的覆盖范围，减少通信中的死角地区，同时还可以平衡负载，转移热点地区的业务。另外，中继站的覆盖范围明显小于传统的小区直径，传输功率显著降低，允许中继放大器的经济设计，降低架设和维护开销。因此，中继站降低了组网开销，很适合在物联网系统中提供大容量网络宽带无线覆盖。

1.3.3 中继协作通信分类

中继协作通信根据不同的方面，有多种分类形式。

1. 根据协作策略分类

根据协作策略，中继协作通信可分为放大转发中继、译码转发中继和压缩转发中继。

（1）放大转发中继：中继节点接收到来自信源节点的信号之后，不做任何处理，直接将接收到的信号放大发送给目的节点。这样处理的好处是简单方便，通过目的节点的合并处理，可以提高系统增益。但是中继节点在放大信号的同时也会把接收到的噪声放大发送给目的节点。

（2）译码转发中继：中继节点接收到来自信源节点的信号后，将该信号进行解码，然后编码发送给目的节点。若源端节点到中继节点信道质量较好，这样的方式会降低系统的误比特率，提高系统性能。但是由于无线信道的不确定性较大，因此该处理方式也不能保证绝对良好。

（3）压缩转发中继：中继节点接收到来自源端节点的信号后，采用分布式编码量化、压缩后发送给目的节点。若中继节点到目的节点的信道质量较好，则系统的性能较好。但是由于新的编码方案也会增加信号处理的复杂度，因此会使功率消耗增加。

2. 根据工作方式分类

根据工作方式，中继协作通信可分为半双工中继和全双工中继。

（1）半双工中继：单向中继工作于半双工模式，当源端节点和目的节点需要通过中继节点互相通信时，首先信号需要从源端节点发送到中继节点，再由中继节点发送给目的节点；然后目的节点将需要发送的信号发送给中继节点，由中继节点再转发给源端节点，如图 1.3 所示。若采用单中继协助通信，完成整个通信过程需要四个时隙。

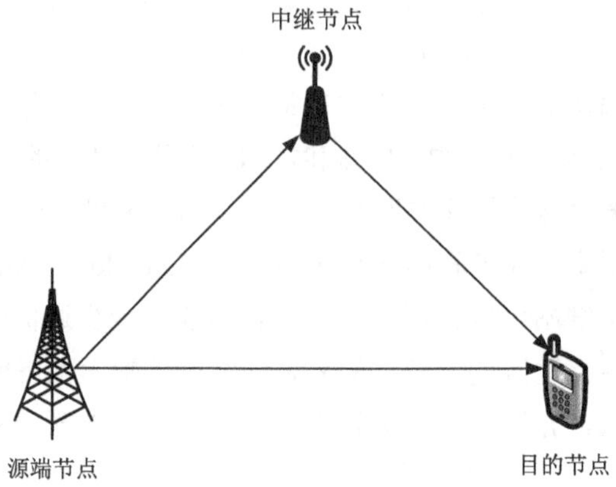

图 1.3　半双工中继通信

（2）全双工中继：当源端节点和目的节点需要通过中继进行通信时，源端节点和目的节点同时将信号发送给中继节点，然后中继节点将接收到的两个信号分别发送给源端节点和目的节点，如图 1.4 所示。相比于半双工中继通信，采用全双工中继完成同样的通信可节省一半的时隙。

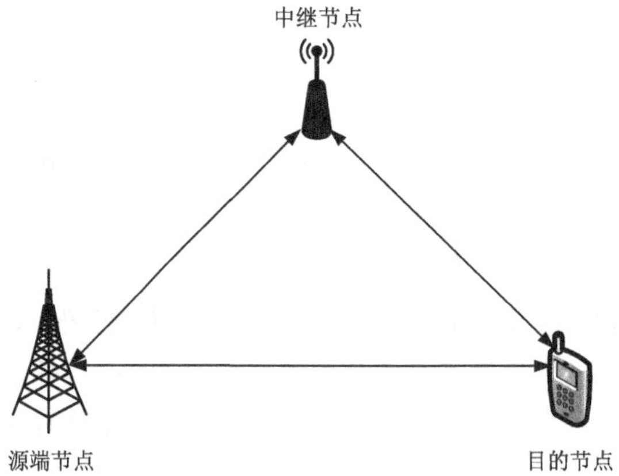

图 1.4　全双工中继通信

3. 根据单条路径中的中继数分类

根据单条路径中的中继数，中继协同通信可分为两跳中继和多跳中继。

（1）两跳中继：两跳中继链路是中继协同通信中的典型通信模式，即协作通信链路中只有一个中继协助源端和目的节点通信，协作链路的存在产生协作分集，协作分集可以与多用户分集相结合来提高系统的性能。协作分集的关键思想是，当多条路径遇到信道波动时，总有一条路径的增益处于峰值，使信号可以稳定传输。多用户分集的关键思想是，当有许多用户遇到独立的信道波动时，在任一时刻都有可能有一个用户的信道增益处于峰值。图 1.3 所示的就是典型的两跳中继协同网络。

（2）多跳中继：不同于两跳中继链路，在中继协同网络中，中继协作路径中有两个以上中继协同通信的系统称为多跳中继协同网络。在物联网通信中，通信设备体积小、功率低，当通信距离较远时，两跳中继无法完成通信，需要多中继共同协作接力才能完成信号的传输。相比于两跳中继协同网络，虽然经过多中继传输后的系统性能较低，但是多跳中继网络更加灵活多变，可以根据需要自组形成协作网络。图 1.5 所示的就是典型的多跳中继协同网络。

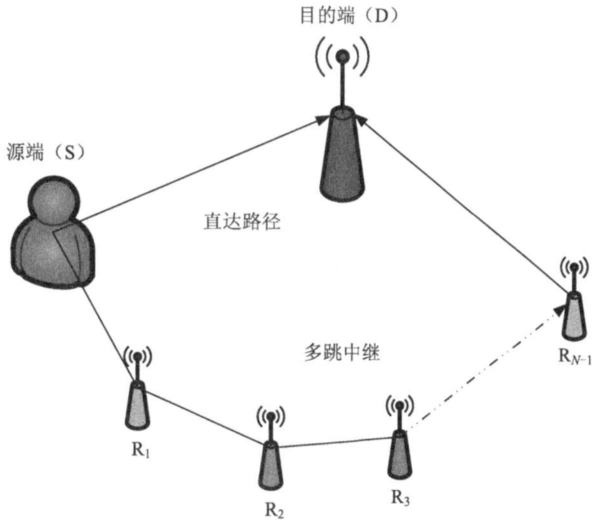

图 1.5 典型的多跳中继协同网络

1.4 反向散射技术

随着通信需求的不断增加，射频识别技术作为物联网的关键技术也在不断发展，最初采用的是传统的反向散射技术，然后发展到双站反向散射技术，而现在学术界又提出了环境反向散射技术。

1.4.1 传统反向散射技术

传统反向散射技术通过读写器、电子标签和高层处理系统完成通信。如图 1.6 所示，首先读写器发送通信频率范围内的无线信号；电子标签接收到信号之后，根据读写器的信息将自身携带的信息经过自身天线发送给读写器；读写器接收到信息之后对其进行处理，然后传送给高层处理系统；高层处理系统对接收到的信息进行分析处理，对电子标签进行识别。该技术最典型的应用是货物跟踪，通过分析货物上携带的电子标签，就能知道货物的种类等信息。

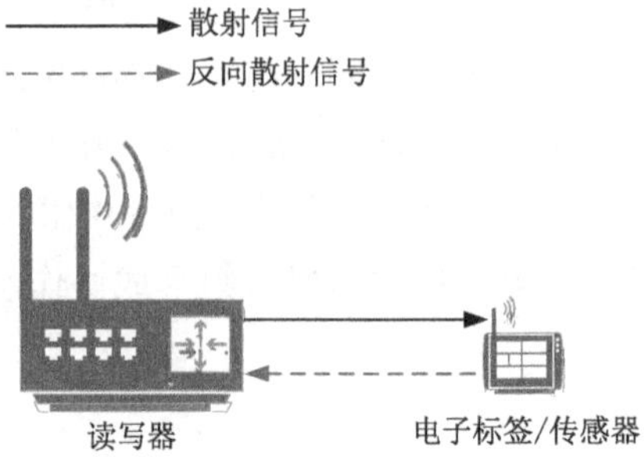

图 1.6　传统反向散射技术

1.4.2　双站反向散射技术

当前的射频识别技术也面临着一些根本性的难题：首先，射频标签严重依赖读写器的射频信号，移动性比较差，通信距离较短；其次，射频标签之间不能直接进行通信。这些难题使物联网难以做到真正的万物互联。

为了解决这个问题，2013 年学术界提出了双站反向散射技术。双站反向散射技术通过增加一个单独固定的载波发射器来给射频标签提供工作的能量，如图 1.7 所示。射频标签通过反射载波发射器的信号来实现与读写器的通信。载波发射器的使用使读写器不必持续不断地发射射频信号，读写器与射频标签的通信距离也在一定程度上得到了提升。但是新增加的载波发射器成本较高，同时也会对其他用户的读写器和射频标签产生

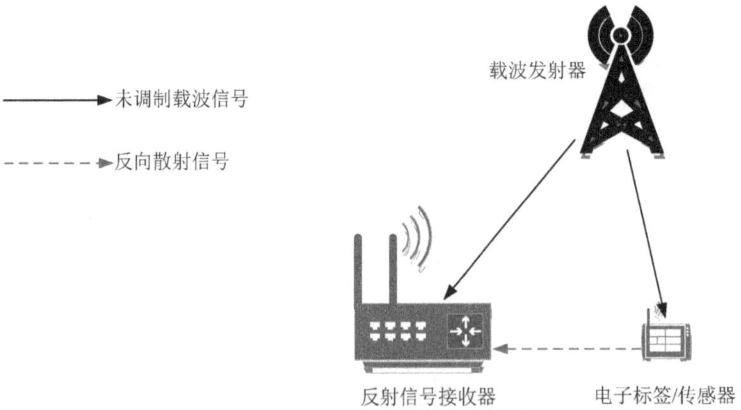

图 1.7　双站反向散射技术

干扰，因此没有被广泛应用。

1.4.3 环境反向散射技术

2013 年，华盛顿大学开发出了一种名为“环境反向散射”的新型无线通信技术，如图 1.8 所示。该技术借鉴双站反向散射技术，用周围环境中普遍存在的射频信号代替载波发生器。环境中的射频信号可以是电视广播信号、蜂窝网信号、WiFi 等射频信号。华盛顿大学已经通过实验证明这项技术的可行性，且发表了相关论文，证明了电视广播信号和 WiFi 射频信号是可利用的。但是由于环境反向散射技术是利用环境中的未知信号构建的新型通信技术，它的通信理论和系统模型不同于传统的通信系统，因此需要构建出新的系统模型并对其通信理论进行研究，以期找到能与中继协作技术完美结合的系统架构，为物联网的进一步发展做出贡献。

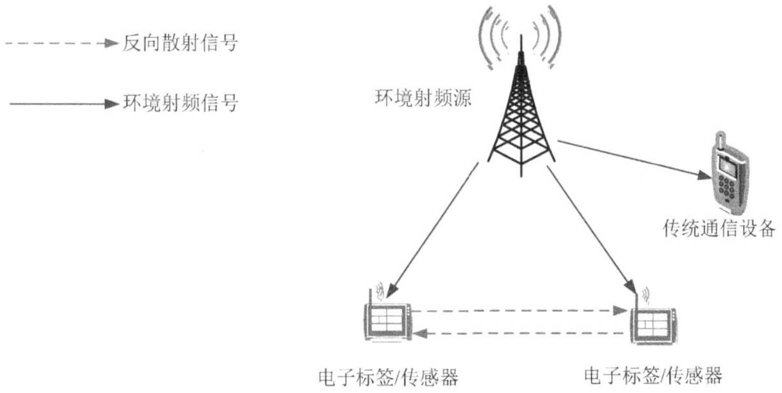

图 1.8 环境反向散射技术

本 章 小 结

本章针对无线物联系统的内容和常用技术介绍了与之相关的主要知识，从物联网通信的发展入手，介绍了目前智能物联网中存在的问题及无线信道的衰落模型；进一步地，针对物联网存在的问题，提出了常采用的技术（中继协作通信技术及环境反向散射技术），为下一步对物联通信系统的研究奠定了理论基础。

第2章 单中继增强型多天线物联通信系统联合功率分配

2.1 研究背景及内容安排

研究表明，中继增强型无线通信网络能够有效降低路径损耗造成的功率资源浪费情况，提高频谱利用率[8]，可以在不明显改变骨干网络构架的前提下显著提高网络的传输性能，解决蜂窝网存在的问题，因此中继增强型无线通信网络架构得到了国内外学者的广泛重视[9-11]。中继的转发方式主要有三种：放大转发（amplify-and-forward，AF）[6]、解码转发（decode-and-forward，DF）[12]和压缩转发（compress-and-forward，CF）[13]，其中 AF 不需要译码过程而直接转发信号，且需要的复杂度和功率都很低，因此应用最为广泛。同时，作为利用空间资源实现高速率链路传输的一种有效方式，多输入多输出（MIMO）通信技术通过利用空间复用增益、空间分集增益和阵列增益，能够在不增加功率或系统带宽的情况下极大地提高通信的有效性和可靠性，被公认为是下一代移动通信的关键技术之一[14]。

中继增强型 MIMO 技术把 MIMO 技术和中继技术相结合，能够同时利用二者的优点进一步提高系统性能。针对中继增强型 MIMO 通信系统的研究主要包括使用 AF 中继的多址信道和广播信道的对偶性[15]、单个多天线中继的 MIMO 系统可达速率及其上下界的性能分析[16]、网络容量随着中继数的增加呈线性对数关系增长[17]、提供更可靠的数据传输[18]等。这些文献都是从信息论的角度来研究 MIMO 中继系统的，没有涉及具体处理算法。

功率分配是实现中继系统可达速率的有效手段之一。针对中继增强型的单输入单输出（single-input single-output，SISO）通信系统，现有的功率分配方案主要包括基于中断概率最小化准则[19]、基于多径效应最小化准则[20]和基于接收信噪比最大化准则[21]等。这些方案表明，优化的功率分配能够极大地提高中继增强型 SISO 通信的系统性能。然而 SISO 中继系统推广到 MIMO 中继系统时，信源、中继和信宿都可能配置多根天线，因此，MIMO 中继的功率分配成为很复杂的问题。针对中继增强型 MIMO 通信系统，现有的功率分配方案很少，文献[22]使用放大转发型中继，首先通过巧妙设计中继对信号的处理使整个信道变为一组并行的 SISO 子信道，然后基于系统可达速率最大化的准则，对这组子信道进行功率分配。然而，该方案假设信源没有参与功率分配，仅对中继上的多天线进行功率分配，没有从整个系统的角度研究信源和中继的联合功率分配问题。文献[23]研究了正交频分复用（orthogonal frequency division multiplexing，OFDM）系统下 MIMO 技术的功率分配问题，通过设计一个迭代算法得到该问题的最优解。然而，该情形只考虑了信源和中继的总功率约束，没有考虑信源和中继的单独功率约束。针对信源和中继分别受到单独功率约束的情形，为了获得联合最优的功率分配方案，本章针对中继增强型 MIMO 技术从整个系统的角度研究了各种情况下的功率分配问题，系统中的信源、中继和信宿都配置多根天线，其中信源和中继上的所有天线都参与功率分配。

本章内容安排如下。2.2 节给出了中继增强型 MIMO 通信系统的系统模型。2.3 节首先推导出系统信噪比（signal to noise ratio，SNR）的统一表达式，并利用该表达式提出一个联合功率分配的优化问题；然后证明了相应的代价函数仅对其中部分参数是凸函数，而对于所有参数是整体非凸函数，从而不能使用凸优化的方法联合求解功率分配问题。2.4 节推导出了系统可达速率的下界，利用该下界修正代价函数，并证明了修正后的代价函数具有更好的凸性，利用凸优化方法很容易得到联合功率分配最优解。2.5 节通过充分利用所有自由度，设计了一个迭代算法求解非凸的优化问题；而且为了加快迭代算法的收敛速度，通过不等式放大修正原始的代价函数，进而设计出一个简化的迭代算法。2.6 节给出了均方误差最小化的中继系统功率分配研究现状。2.7 节利用该表达式和 MSE（mean squared error，均方误差）最小化准则，建立了一个联合功率分配优化问题的数学模型，得到相应代价函数；并证明了该代价函数仅仅对其中部分参数是凸函数，而对于全局参数是非凸函数。2.8 节推导出了系统 MSE 的上界，利用该上界修正代价函数，把原来的非凸问题转换为联合凸优化问题，从而可以使用凸优化方法获得联合最优的功率分配系数。2.9 节充分利用代价函数的部分凸性，设计了一个迭代算法进行联合功率分配，最终目标是最小化系统均方误差函数，进而提高链路可靠性。2.10 节给出了计算机仿真结果，比较了两个所提算法的系统可达速率性能。最后是本章结论。

2.2 系统模型

本章考虑一个中继增强型 MIMO 通信系统，其中包括一个信源、一个中继和一个信宿，所有节点都配有多根天线，中继采用 AF 模式。在第一个时隙内，信源发送信号到中继；在第二个时隙内，中继处理信号后转发给信宿。由于阴影效应、路径损耗等影响，假设信源和信宿之间的通信只有通过中继转发才能完成。

图 2.1 给出了本章所用的系统模型，其中信源、中继和信宿配备的天线数目分别是 M、L 和 N；$\boldsymbol{W}_1 \in \mathbb{C}^{M\times M}$、$\boldsymbol{W}_{\mathrm{R}} \in \mathbb{C}^{L\times L}$ 和 $\boldsymbol{W}_2 \in \mathbb{C}^{N\times N}$ 分别表示信源、中继和信宿的处理矩

阵；$\boldsymbol{H}_1$ 和 $\boldsymbol{H}_2$ 分别表示第一跳（信源到中继）和第二跳（中继到信宿）的信道响应，这两跳信道的噪声都是加性高斯白噪声（addive white Gaussian noise，AWGN）并且分别服从 $\boldsymbol{n}_1 \sim \mathrm{CN}\left(0,\sigma_1^2\boldsymbol{I}_L\right)$ 和 $\boldsymbol{n}_2 \sim \mathrm{CN}\left(0,\sigma_2^2\boldsymbol{I}_N\right)$ 分布。

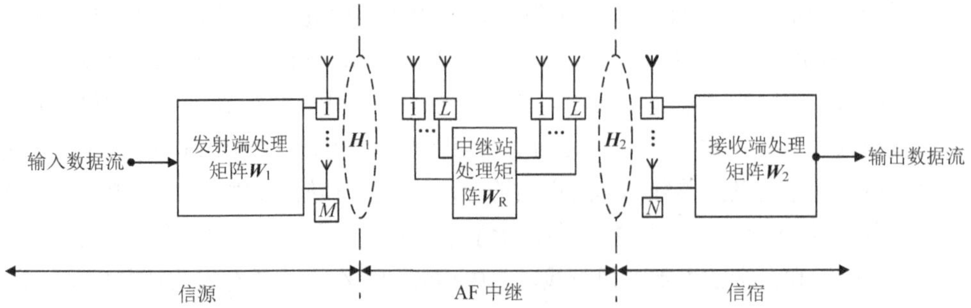

图 2.1　中继增强型 MIMO 通信系统框图

假设系统的输入信号是 $\boldsymbol{s}$，则中继接收到的信号为

$$\boldsymbol{y}_1 = \boldsymbol{H}_1\boldsymbol{W}_1\boldsymbol{s} + \boldsymbol{n}_1$$

经中继处理后要转发的信号为

$$\boldsymbol{y}_2 = \boldsymbol{W}_\mathrm{R}\boldsymbol{y}_1 = \boldsymbol{W}_\mathrm{R}\left(\boldsymbol{H}_1\boldsymbol{W}_1\boldsymbol{s} + \boldsymbol{n}_1\right)$$

考虑到第二跳信道噪声和信宿的接收矩阵，整个系统的输出信号为

$$\boldsymbol{y} = \boldsymbol{W}_2\boldsymbol{H}_2\boldsymbol{y}_2 + \boldsymbol{n}_2 = \underbrace{\boldsymbol{W}_2\boldsymbol{H}_2\boldsymbol{W}_\mathrm{R}\boldsymbol{H}_1\boldsymbol{W}_1}_{\boldsymbol{H}_\mathrm{e}}\boldsymbol{s} + \underbrace{\boldsymbol{W}_2\boldsymbol{H}_2\boldsymbol{W}_\mathrm{R}\boldsymbol{n}_1 + \boldsymbol{W}_2\boldsymbol{n}_2}_{\mathrm{noise}} \tag{2-1}$$

式（2-1）等号右侧的第一项是发送信号经过等效信道的输出，其中 $\boldsymbol{H}_\mathrm{e}$ 是系统的等效信道；第二项是系统的整体噪声。

本章的 $\boldsymbol{W}_1$ 不但用于并行化系统信道得到一组互不相干的子信道，而且信源功率也参与分配优化。由于 $\boldsymbol{W}_1$ 和 $\boldsymbol{W}_\mathrm{R}$ 之间相互影响，因此只有通过联合优化才能确定最优功率分配系数。

对 $\boldsymbol{H}_i\ (i=1,2)$ 进行奇异值分解（singular value decomposition，SVD），得

$$\boldsymbol{H}_i = \boldsymbol{U}_i\boldsymbol{\Lambda}_i\boldsymbol{V}_i^\mathrm{H},\ i=1,2 \tag{2-2}$$

式中，$\boldsymbol{U}_i$ 和 $\boldsymbol{V}_i\ (i=1,2)$ 都是酉矩阵；$\boldsymbol{\Lambda}_i$ 是对角矩阵，且

$$\boldsymbol{\Lambda}_1 = \mathrm{diag}\left\{\left(\sqrt{\alpha_1},\sqrt{\alpha_2},\cdots,\sqrt{\alpha_{\mathrm{rank}(\boldsymbol{H}_1)}}\right)\right\},\quad \alpha_1 \geqslant \alpha_2 \geqslant \cdots \geqslant \alpha_{\mathrm{rank}(\boldsymbol{H}_1)} > 0$$

$$\boldsymbol{\Lambda}_2 = \mathrm{diag}\left\{\left(\sqrt{\beta_1},\sqrt{\beta_2},\cdots,\sqrt{\beta_{\mathrm{rank}(\boldsymbol{H}_2)}}\right)\right\},\ 且\ \beta_1 \geqslant \beta_2 \geqslant \cdots \geqslant \beta_{\mathrm{rank}(\boldsymbol{H}_2)} > 0$$

本章的设计 $\boldsymbol{W}_1$、$\boldsymbol{W}_\mathrm{R}$ 分别为如下形式：

$$\boldsymbol{W}_1 = \sqrt{(1-\tau)P_0}\,\boldsymbol{V}_1\boldsymbol{A} \tag{2-3}$$

$$\boldsymbol{W}_{\mathrm{R}}=\sqrt{\tau P_0}\boldsymbol{V}_2\tilde{\boldsymbol{B}}\boldsymbol{U}_1^{\mathrm{H}} \tag{2-4}$$

式中，P_0 为系统的总功率；τ 为中继发送信号的总功率在系统总功率 P_0 中的百分比；$\boldsymbol{A}\triangleq\operatorname{diag}\left\{\left(\sqrt{a_1},\sqrt{a_2},\cdots,\sqrt{a_M}\right)\right\}$ 和 $\tilde{\boldsymbol{B}}\triangleq\operatorname{diag}\left\{\left(\sqrt{\tilde{b}_1},\sqrt{\tilde{b}_2},\cdots,\sqrt{\tilde{b}_L}\right)\right\}$ 为待确定的对角矩阵，$\boldsymbol{A}$ 和 $\tilde{\boldsymbol{B}}$ 的对角元分别代表信源和中继的天线上的相对功率分配系数，这种形式对于系统可达速率来说是最优的。

$\boldsymbol{W}_2$ 为信宿的处理矩阵，它用来并行化系统信道，因此

$$\boldsymbol{W}_2=\boldsymbol{U}_2^{\mathrm{H}} \tag{2-5}$$

如果待求参数 τ 、$\boldsymbol{A}$ 和 $\tilde{\boldsymbol{B}}$ 已确定，那么输出信号 $\boldsymbol{y}$ 可表示为

$$\boldsymbol{y}=\sqrt{P_0^2\tau(1-\tau)}\boldsymbol{\Lambda}_2\tilde{\boldsymbol{B}}\boldsymbol{\Lambda}_1\boldsymbol{A}\boldsymbol{s}+\left(\sqrt{P_0\tau}\boldsymbol{\Lambda}_2\tilde{\boldsymbol{B}}\boldsymbol{U}_1^{\mathrm{H}}\boldsymbol{n}_1+\boldsymbol{U}_2^{\mathrm{H}}\boldsymbol{n}_2\right) \tag{2-6}$$

式 (2-6) 可认为是 K 个并行的 SISO 子信道的输出，其中 $K=\min\left\{\operatorname{rank}\left(\boldsymbol{H}_1\right),\operatorname{rank}\left(\boldsymbol{H}_2\right)\right\}$ 。这里要确定的参数是 τ 、$\boldsymbol{A}$ 和 $\tilde{\boldsymbol{B}}$ 。如果 τ 已确定，并且 $\boldsymbol{A}$ 仅仅用来并行化信道而没有功率分配，本章就成为文献[24]所描述的情况；反之，可认为本章是文献[24]的推广。

2.3　基于可达速率函数最大化的联合功率分配问题的数学建模

本节首先推导出每个独立 SISO 子信道的 SNR 表达式；然后利用该表达式和系统可达速率最大化准则提出一个联合功率分配问题，给出相应的代价函数，并通过严格的数学证明得到结论：该代价函数关于其中部分参数是凸函数，而关于全局参数是非凸函数。

2.3.1　各子信道的 SNR 推导

首先，由于信源的功率受限，$\boldsymbol{A}$ 中参数 a_i 的归一化功率约束条件为

$$\sum_{i=1}^{M}a_i\leqslant 1,\ 0\leqslant a_i\leqslant 1,\ i=1,2,\cdots,M \tag{2-7}$$

信源的第 i 根天线上的发射功率为 $P_0(1-\tau)a_i$ ，中继的第 i 根天线接收信号的功率为 $\left[P_0(1-\tau)a_i\right]\alpha_i+\sigma_1^2$ 。中继站所有天线的总功率峰值为 $P_0\tau$ ，因此中继站每根天线的发送信号功率可以写为

$$p_i\triangleq P_0\tau b_i \tag{2-8}$$

由此可得对于参数 b_i 的约束：

$$\sum_{i=1}^{L} b_i \leqslant 1,\ 0 \leqslant b_i \leqslant 1,\ \ i=1,2,\cdots,L \tag{2-9}$$

因此，中继站每根天线的功率增益为

$$r_i = P_0 \tau \tilde{b}_i = \frac{p_i}{P_0(1-\tau)a_i\alpha_i + \sigma_1^2} = \frac{P_0 \tau b_i}{P_0(1-\tau)a_i\alpha_i + \sigma_1^2},\ \ i=1,2,\cdots,L \tag{2-10}$$

即

$$b_i = \tilde{b}_i\left[P_0(1-\tau)a_i\alpha_i + \sigma_1^2\right]$$

信宿接收信号是信源发送信号经过第一跳信道衰减、中继放大和第二跳信道衰减后的信号，因此信宿接收信号的功率为

$$\left[P_0(1-\tau)a_i\right]\alpha_i r_i \beta_i \tag{2-11}$$

从而得到信宿接收信号的功率为

$$\frac{P_0(1-\tau)a_i\alpha_i\beta_i}{\sigma_1^2 + P_0(1-\tau)a_i\alpha_i} p_i \tag{2-12}$$

信宿接收到的噪声总功率为

$$\sigma_1^2(r_i\beta_i) + \sigma_2^2 = \sigma_1^2\beta_i \frac{p_i}{\sigma_1^2 + P_0(1-\tau)a_i\alpha_i} + \sigma_2^2 \tag{2-13}$$

可得第 i 个子信道在信宿端的 SNR 表达式为

$$\text{SNR}_i = \frac{P_0^2\tau(1-\tau)\alpha_i\beta_i a_i b_i}{\sigma_2^2 P_0(1-\tau)\alpha_i a_i + \sigma_1^2\left(\sigma_2^2 + P_0\tau\beta_i b_i\right)},\ \ i=1,2,\cdots,K \tag{2-14}$$

式（2-14）必须满足式（2-7）和式（2-9）这两个约束条件，并且 $K \leqslant \min\{M,L\}$，使 $a_{K+1} = \cdots = a_M = 0$ 和 $b_{K+1} = \cdots = b_L = 0$。

通常情况下，考虑到噪声方差 $\sigma_1^2 = \sigma_2^2 = 1$，信宿的 SNR 表达式可表示为

$$\begin{gathered} \text{SNR}_i = \frac{P_0^2\tau(1-\tau)\alpha_i\beta_i a_i b_i}{1 + P_0(1-\tau)\alpha_i a_i + P_0\tau\beta_i b_i},\ \ i=1,2,\cdots,K \\ \text{s.t.}\ 0 \leqslant \tau \leqslant 1,\ \boldsymbol{a}^{\mathrm{T}}\mathbf{1} \leqslant 1,\ \mathbf{0} \leqslant \boldsymbol{a} \leqslant \mathbf{1},\ \boldsymbol{b}^{\mathrm{T}}\mathbf{1} \leqslant 1,\ \mathbf{0} \leqslant \boldsymbol{b} \leqslant \mathbf{1} \end{gathered} \tag{2-15}$$

式中，$\boldsymbol{a} = (a_1, a_2, \cdots, a_K)^{\mathrm{T}}$，$\boldsymbol{b} = (b_1, b_2, \cdots, b_K)^{\mathrm{T}}$。

若 τ 固定并且 $\boldsymbol{a} = (1/K)\mathbf{1}$，则本章内容就成为文献[24]的研究结果。

2.3.2 基于系统可达速率最大化的联合功率分配问题

信源与信宿之间的第 i 个子信道的可达速率为

$$C_i = \frac{1}{2}\log_2\left(1+\mathrm{SNR}_i\right) = \frac{1}{2}\log_2\left(1+\frac{P_0^2\tau(1-\tau)\alpha_i\beta_i a_i b_i}{1+P_0(1-\tau)\alpha_i a_i + P_0\tau\beta_i b_i}\right) \tag{2-16}$$

利用式（2-16）并忽略前面的系数 1/2，得出系统可达速率最大化的联合功率分配的优化问题，如下：

$$\min_{\tau,\boldsymbol{a},\boldsymbol{b}} \quad f(\boldsymbol{a},\boldsymbol{b},\tau) = -\sum_{i=1}^{K}\log_2\left(1+\mathrm{SNR}_i\right) = -\sum_{i=1}^{K}\log_2\left(1+\frac{P_0^2\tau(1-\tau)\alpha_i\beta_i a_i b_i}{1+P_0(1-\tau)\alpha_i a_i + P_0\tau\beta_i b_i}\right) \tag{2-17}$$

$$\text{s.t.} \quad 0 \leqslant \tau \leqslant 1,\ \boldsymbol{a}^{\mathrm{T}}\mathbf{1} \leqslant 1,\ \mathbf{0} \leqslant \boldsymbol{a} \leqslant \mathbf{1},\ \boldsymbol{b}^{\mathrm{T}}\mathbf{1} \leqslant 1,\ \mathbf{0} \leqslant \boldsymbol{b} \leqslant \mathbf{1}$$

很明显，在关于参数 τ 、$\boldsymbol{a}$ 和 $\boldsymbol{b}$ 的三个不同约束下，上面的最小化问题可以用来求解信源内部、中继内部以及信源与中继之间的功率分配问题。众所周知，凸优化的求解方法是很高效的[25]，为了能够使用凸优化的方法求解上面的问题，首先需要研究上面的代价函数的凹凸性。下面的定理表明该代价函数关于其中部分参数是凸函数而关于全局参数是非凸函数。

定理 2.1　对于代价函数 $f(\boldsymbol{a},\boldsymbol{b},\tau)$：

① 任意给定 $(\boldsymbol{b};\tau)$ (或 $(\boldsymbol{a};\tau)$)，它关于列向量 $\boldsymbol{a}$ (或 $\boldsymbol{b}$)是凸函数；

② 任意给定 $(\boldsymbol{a};\boldsymbol{b})$，它关于 τ 是凸函数；

③ 任意给定 τ ，它关于 $(\boldsymbol{a};\boldsymbol{b})$ 是非凸函数；

④ 它关于 $(\boldsymbol{a};\boldsymbol{b};\tau)$ 是非凸函数。

证明　首先证明第一个结论。任意给定的 $(\boldsymbol{b};\tau)$，定义如下：

$$A_i = P_0\alpha_i(1-\tau) \geqslant 0,\ B_i = 1+P_0\tau\beta_i b_i \geqslant 1,\ i=1,2,\cdots,K$$

代价函数 f 可写为

$$f = \sum_{i=1}^{K}\left[(-\log_2 \mathrm{e})\ln\frac{B_i(1+A_i a_i)}{B_i + A_i a_i}\right] \tag{2-18}$$

f 关于 a_i 的一阶导数为

$$\frac{\partial f}{\partial a_i} = (-\log_2 \mathrm{e})\frac{A_i}{(1+A_i a_i)(B_i + A_i a_i)}(B_i - 1) \tag{2-19}$$

f 关于 a_i 的二阶导数为

$$\frac{\partial^2 f}{\partial {a_i}^2} = (\log_2 \mathrm{e})A_i(B_i - 1)\frac{(1+A_i a_i)A_i + A_i(B_i + A_i a_i)}{(1+A_i a_i)^2(B_i + A_i a_i)^2} \geqslant 0 \tag{2-20}$$

式（2-20）表明 f 对于 a_i 是凸函数。同时，向量 $\boldsymbol{a}$ 是可分的，即

$$\frac{\partial^2 f}{\partial a_i \partial a_j} = 0, \quad i \neq j$$

因此，f 在任意给定的 $(\boldsymbol{b};\tau)$ 下关于向量 $\boldsymbol{a}$ 是凸函数。类似地，可以证明 f 在任意给定的 $(\boldsymbol{a};\tau)$ 下关于向量 $\boldsymbol{b}$ 是凸函数。

然后证明 f 在任意给定 $(\boldsymbol{a};\boldsymbol{b})$ 下关于 τ 是凸函数。定义 $\phi_i = P_0\alpha_i a_i$ 和 $\varphi_i = P_0\beta_i b_i$，$f$ 可重新表示为

$$f = \sum_{i=1}^{K} f_i \tag{2-21}$$

式中，

$$f_i = (-\log_2 \mathrm{e})\left\{\ln\left[1+\phi_i(1-\tau)\right] + \ln(1+\varphi_i\tau) - \ln\left[1+\phi_i(1-\tau)+\varphi_i\tau\right]\right\} \tag{2-22}$$

因此，f_i 关于 τ 的一阶导数为

$$\frac{\partial f_i}{\partial \tau} = (-\log_2 \mathrm{e})\left[\frac{-\phi_i}{1+\phi_i(1-\tau)} + \frac{\varphi_i}{1+\varphi_i\tau} - \frac{\varphi_i-\phi_i}{1+\phi(1-\tau)+\varphi_i\tau}\right] \tag{2-23}$$

f_i 关于 τ 的二阶导数为

$$\frac{\partial^2 f_i}{\partial \tau^2} = (-\log_2 \mathrm{e})\left[\frac{-\phi_i^2}{\left[1+\phi(1-\tau)\right]^2} + \frac{-\varphi_i^2}{(1+\varphi_i\tau)^2} + \frac{(\varphi_i-\phi_i)^2}{\left[1+\phi(1-\tau)+\varphi_i\tau\right]^2}\right] \tag{2-24}$$

如果 $\phi_i \geqslant \varphi_i \geqslant 0$，则存在如下不等式：

$$\left[1+\phi_i(1-\tau)\right]^2 \leqslant \left[1+\phi_i(1-\tau)+\varphi_i\tau\right]^2 \tag{2-25}$$

如果 $\varphi_i \geqslant \phi_i \geqslant 0$，则存在如下不等式：

$$(1+\varphi_i\tau)^2 \leqslant \left[1+\phi_i(1-\tau)+\varphi_i\tau\right]^2 \tag{2-26}$$

因此，无论 $\phi_i \geqslant \varphi_i \geqslant 0$ 还是 $\varphi_i \geqslant \phi_i \geqslant 0$，都存在如下不等式：

$$\frac{\partial^2 f_i}{\partial \tau^2} \geqslant 0 \tag{2-27}$$

所以，f 关于 τ 的二阶导数是非负的，即 f 在任意给定 $(\boldsymbol{a};\boldsymbol{b})$ 下关于 τ 是凸函数。

下面证明 f 关于 $(\boldsymbol{a};\boldsymbol{b})$ 是非凸函数。定义 $\boldsymbol{c}_i = (a_i, b_i)$，由于 f 对于 $\boldsymbol{c}_i$ 是可分的，因此只需证明 f 对于 $\boldsymbol{c}_i$ 是非凸函数。任意给定 $\tau \in [0,1]$，定义 $A_i = P_0(1-\tau)\alpha_i \geqslant 0$ 和 $C_i = P_0\tau\beta_i \geqslant 0$，代价函数 f 可重新写为

$$f=\sum_{i=1}^{K}\left[\left(-\log_2 \mathrm{e}\right)\ln\frac{\left(1+A_ia_i\right)\left(1+C_ib_i\right)}{1+A_ia_i+C_ib_i}\right] \tag{2-28}$$

f 关于 a_i 的二阶导数为

$$\frac{\partial^2 f}{\partial a_i^{\ 2}}=\left(\log_2 \mathrm{e}\right)A_iC_ib_i\frac{2A_i\left(1+A_ia_i\right)+A_iC_ib_i}{\left[\left(1+A_ia_i\right)\left(1+A_ia_i+C_ib_i\right)\right]^2} \tag{2-29}$$

f 关于 b_i 的二阶导数为

$$\frac{\partial^2 f}{\partial b_i^{\ 2}}=\left(\log_2 \mathrm{e}\right)A_iC_ia_i\frac{2C_i\left(1+C_ib_i\right)+A_iC_ia_i}{\left[\left(1+C_ib_i\right)\left(1+A_ia_i+C_ib_i\right)\right]^2} \tag{2-30}$$

同时，有

$$\frac{\partial^2 f}{\partial a_i\partial b_i}=\left(-\log_2 \mathrm{e}\right)A_iC_i\frac{1}{\left(1+A_ia_i+C_ib_i\right)^2} \tag{2-31}$$

由式（2-29）～式（2-31）可得

$$\nabla_{c_i}^2 f=\left(\log_2 \mathrm{e}\right)A_iC_i\begin{pmatrix} b_i\dfrac{2A_i\left(1+A_ia_i\right)+A_iC_ib_i}{\left[\left(1+A_ia_i\right)\left(1+A_ia_i+C_ib_i\right)\right]^2} & -\dfrac{1}{\left(1+A_ia_i+C_ib_i\right)^2} \\ -\dfrac{1}{\left(1+A_ia_i+C_ib_i\right)^2} & a_i\dfrac{2C_i\left(1+C_ib_i\right)+A_iC_ia_i}{\left[\left(1+C_ib_i\right)\left(1+A_ia_i+C_ib_i\right)\right]^2} \end{pmatrix} \tag{2-32}$$

式（2-32）的行列式如下：

$$\det\left(\nabla_{c_i}^2 f\right)=\frac{\left(\log_2 \mathrm{e}\right)^2\left(A_iC_i\right)^2}{\left(a_i+A_ia_i+C_ib_i\right)^4}\left\{\frac{\left[2A_i\left(1+A_ia_i\right)+A_iC_ib_i\right]\left[2C_i\left(1+C_ib_i\right)+A_iC_ia_i\right]}{\left(a_ib_i\right)^{-1}\left(1+A_ia_i\right)^2\left(1+C_ib_i\right)^2}-1\right\} \tag{2-33}$$

式（2-33）不总是非负的，f 关于 $\boldsymbol{c}_i$ 非凸，故 f 关于 $(\boldsymbol{a};\boldsymbol{b})$ 非凸。因为 f 关于 $(\boldsymbol{a};\boldsymbol{b})$ 非凸，所以 f 关于 $(\boldsymbol{a};\boldsymbol{b};\tau)$ 非凸[25]。

证毕。

定理 2.1 表明，联合最优的功率分配系数 $(\boldsymbol{a};\boldsymbol{b};\tau)$ 无法直接使用凸优化的方法获得。即使在 $\tau\in[0,1]$ 给定的情况下，也无法直接使用凸优化方法求解最优的 $(\boldsymbol{a};\boldsymbol{b})$。正如前面所说，$\tau$ 的作用是平衡信源和中继之间的功率比例大小，τ 的取值一般可根据各种功率约束由系统设计时事先给定。当 τ 为 0～1 任意给定的常数，并且 $\boldsymbol{a}=(1/K)\mathbf{1}$ 时，该特殊情形就是文献[24]的研究情形，该情况下只有中继站的多天线参与功率分配，从而能够利用凸优化的方法来求解。本章要解决的问题首先是在任意给定 $\tau\in[0,1]$ 的前提下使用凸优化方法获得最优的 $(\boldsymbol{a};\boldsymbol{b})$。2.4 节将修正式（2-17）以获得一个凸优化问题，进而利用凸优化方法联合求解$(\boldsymbol{a};\boldsymbol{b})$。

2.4 基于系统可达速率下界函数的联合功率分配方案

本节通过修正式（2-17）中的代价函数获得一个凸优化问题，进而进行联合功率分配。因为式（2-17）中的代价函数包含$(1+\mathrm{SNR}_i)$，所以要研究$(1+\mathrm{SNR}_i)$的上下界。利用式（2-15）可得

$$\begin{aligned}\mathrm{MSE}_i &= \frac{1}{1+\mathrm{SNR}_i}\\ &= \frac{1+P_0(1-\tau)\alpha_i a_i + P_0\tau\beta_i b_i}{1+P_0(1-\tau)\alpha_i a_i + P_0\tau\beta_i b_i + P_0^2\tau(1-\tau)\alpha_i\beta_i a_i b_i}\\ &= \frac{1}{1+P_0(1-\tau)\alpha_i a_i} + \frac{1}{1+P_0\tau\beta_i b_i} - \frac{1}{[1+P_0(1-\tau)\alpha_i a_i](1+P_0\tau\beta_i b_i)}\\ &\leqslant \frac{1}{1+P_0(1-\tau)\alpha_i a_i} + \frac{1}{1+P_0\tau\beta_i b_i}\end{aligned} \tag{2-34}$$

另外，由于$\alpha_i>0$，$\beta_i>0$且$0\leqslant\tau\leqslant1$，因此存在不等式：

$$[1+P_0(1-\tau)\alpha_i a_i](1+P_0\tau\beta_i b_i)\geqslant 1$$

由式（2-34）的第二个等号可得

$$\frac{1}{1+\mathrm{SNR}_i}\geqslant \frac{1}{1+P_0(1-\tau)\alpha_i a_i} + \frac{1}{1+P_0\tau\beta_i b_i} - 1 \tag{2-35}$$

由式（2-34）和式（2-35）可得

$$\mu_i - 1 \leqslant \frac{1}{1+\mathrm{SNR}_i} \leqslant \mu_i \tag{2-36}$$

式中，

$$\mu_i = \frac{1}{1+P_0(1-\tau)\alpha_i a_i} + \frac{1}{1+P_0\tau\beta_i b_i} \tag{2-37}$$

很明显，式（2-36）给出了两个边界μ_i-1和μ_i，$1/(1+\mathrm{SNR}_i)$被限制在二者之间。两个边界函数值非常接近而且二者几乎平行，它们能够比较精确地逼近$1/(1+\mathrm{SNR}_i)$。通过使用其中任意一个边界函数来替代式（2-17）中的$(1+\mathrm{SNR}_i)$，可以修正联合功率分配问题的目标函数。因此不妨使用上界函数μ_i，可得系统可达速率的下界函数，该下界函数用来修正原始问题，进而得到一个新的优化问题——基于容量最大化的联合功率

分配（joint power allocation based on capacity maximization，JPA-C）：

$$\begin{aligned}&\min_{\tau,\boldsymbol{a},\boldsymbol{b}}\quad f_{\mathrm{lb}}(\boldsymbol{a},\boldsymbol{b},\tau)=\sum_{i=1}^{K}\log_2\left(\frac{1}{1+P_0(1-\tau)\alpha_i a_i}+\frac{1}{1+P_0\tau\beta_i b_i}\right)\\&\text{s.t.}\quad 0\leqslant\tau\leqslant 1,\ \boldsymbol{a}^{\mathrm{T}}\mathbf{1}\leqslant 1,\ \mathbf{0}\leqslant\boldsymbol{a}\leqslant\mathbf{1},\ \boldsymbol{b}^{\mathrm{T}}\mathbf{1}\leqslant 1,\ \mathbf{0}\leqslant\boldsymbol{b}\leqslant\mathbf{1}\end{aligned}\tag{2-38}$$

显然，利用下界函数 μ_i-1 可以得到相同的结果。为了能够使用凸优化的算法求解式（2-38），下面给出 $f_{\mathrm{lb}}(\boldsymbol{a},\boldsymbol{b},\tau)$ 关于凹凸性的结论。

定理 2.2 对于代价函数 $f_{\mathrm{lb}}(\boldsymbol{a},\boldsymbol{b},\tau)$：

① 任意给定 $\tau\in[0,1]$，它关于 $(\boldsymbol{a};\boldsymbol{b})$ 是凸函数；

② 任意给定 $(\boldsymbol{a};\boldsymbol{b})$，它关于 τ 是凸函数；

③ 它关于 $(\boldsymbol{a};\boldsymbol{b};\tau)$ 是非凸函数。

证明 首先定义 $\eta_i=P_0(1-\tau)\alpha_i$，$\gamma_i=P_0\tau\beta_i$ 和 $\boldsymbol{c}_i=(a_i,b_i)(i=1,2,\cdots,K)$。因为 $\tau\in[0,1]$，有 $\eta_i\geqslant 0$ 和 $\gamma_i\geqslant 0$，可得

$$\begin{cases}\dfrac{\partial^2 f_{\mathrm{lb}}}{\partial a_i^2}=(\log_2\mathrm{e})\dfrac{\eta_i^2(1+\gamma_i b_i)^2+2\eta_i^2(1+\eta_i a_i)(1+\gamma_i b_i)}{\left[(1+\eta_i a_i)^2+(1+\eta_i a_i)(1+\gamma_i b_i)\right]^2}\geqslant 0\\[2ex]\dfrac{\partial^2 f_{\mathrm{lb}}}{\partial b_i^2}=(\log_2\mathrm{e})\dfrac{\gamma_i^2(1+\eta_i a_i)^2+2\gamma_i^2(1+\eta_i a_i)(1+\gamma_i b_i)}{\left[(1+\gamma_i b_i)^2+(1+\gamma_i b_i)(1+\eta_i a_i)\right]^2}\geqslant 0\\[2ex]\dfrac{\partial^2 f_{\mathrm{lb}}}{\partial a_i\partial b_i}=\dfrac{\partial^2 f_{\mathrm{lb}}}{\partial b_i\partial a_i}=(\log_2\mathrm{e})\dfrac{\eta_i\gamma_i}{\left[(1+\eta_i a_i)+(1+\gamma_i b_i)\right]^2}\end{cases}\tag{2-39}$$

而且有

$$\frac{\partial^2 f_{\mathrm{lb}}}{\partial a_i^2}\frac{\partial^2 f_{\mathrm{lb}}}{\partial b_i^2}-\frac{\partial^2 f_{\mathrm{lb}}}{\partial a_i\partial b_i}\frac{\partial^2 f_{\mathrm{lb}}}{\partial b_i\partial a_i}=\frac{2(\log_2\mathrm{e})^2\eta_i^2\gamma_i^2}{(1+\eta_i a_i)(1+\gamma_i b_i)\left[(1+\eta_i a_i)+(1+\gamma_i b_i)\right]^2}\geqslant 0\tag{2-40}$$

则海森矩阵（Hessian matrix）

$$\nabla_{c_i}^2 f_{\mathrm{lb}}=\begin{pmatrix}\dfrac{\partial^2 f_{\mathrm{lb}}}{\partial a_i^2} & \dfrac{\partial^2 f_{\mathrm{lb}}}{\partial a_i\partial b_i}\\[2ex]\dfrac{\partial^2 f_{\mathrm{lb}}}{\partial b_i\partial a_i} & \dfrac{\partial^2 f_{\mathrm{lb}}}{\partial b_i^2}\end{pmatrix}\tag{2-41}$$

是正定的，即 f_{lb} 关于 $\boldsymbol{c}_i=(a_i,b_i)(i=1,2,\cdots,K)$ 是凸函数。又因为 $(\boldsymbol{a};\boldsymbol{b})$ 的每个分量之间是可分的，所以 f_{lb} 对于任意给定的 $\tau\in[0,1]$，关于 $(\boldsymbol{a};\boldsymbol{b})$ 是凸函数。

然后证明 f_{lb} 关于 $\tau\in[0,1]$ 的凹凸性。定义 $\phi_i=P_0\alpha_i a_i\geqslant 0$ 和 $\varphi_i=P_0\beta_i b_i\geqslant 0$，有

$$\frac{\partial^2 f_{\mathrm{lb}}}{\partial\tau^2}=(\log_2\mathrm{e})\sum_{i=1}^{K}w_i\tag{2-42}$$

$$w_i = \frac{\phi_i\varphi_i\left[1+\phi_i(1-\tau)\right]^2 + \phi_i^2(1+\varphi_i\tau)^2 + 2\phi_i^2(1+\varphi_i\tau)\left[1+\phi_i(1-\tau)\right]}{\left\{\left[1+\phi_i(1-\tau)\right](1+\varphi_i\tau)+\left[1+\phi_i(1-\tau)\right]^2\right\}^2} + \frac{\varphi_i\phi_i(1+\varphi_i\tau)^2 + \varphi_i^2\left[1+\phi_i(1-\tau)\right]^2 + 2\varphi_i^2(1+\varphi_i\tau)\left[1+\phi_i(1-\tau)\right]}{\left\{\left[1+\phi_i(1-\tau)\right](1+\varphi_i\tau)+(1+\varphi_i\tau)^2\right\}^2} \tag{2-43}$$

显然，$w_i \geqslant 0$ 且 $\frac{\partial^2 f_{\text{lb}}}{\partial \tau^2} \geqslant 0$。因此，$f_{\text{lb}}$ 对于任意给定的 $(\boldsymbol{a};\boldsymbol{b})$，关于 $\tau \in [0,1]$ 是凸函数。很容易证明 f_{lb} 关于 $(\boldsymbol{a};\boldsymbol{b};\tau)$ 是非凸函数。

证毕。

定理 2.2 说明，式（2-38）仍然无法使用凸优化方法联合求解 $(\boldsymbol{a};\boldsymbol{b};\tau)$，但是当 $\tau \in [0,1]$ 给定时，可以使用凸优化方法[25]求解式（2-38），获得最优的 $(\boldsymbol{a};\boldsymbol{b})$，即联合最优的功率分配系数。后面的仿真环节可以通过使用软件 MATLAB 中的凸优化库函数求解式（2-38），最终得到最优的 $(\boldsymbol{a};\boldsymbol{b})$。事实上，$\tau$ 一般由系统设计根据工程参数的要求事先给定。例如，在中继增强型蜂窝通信网中，中继站的发射功率相对系统总功率的比值一般是 1/4 左右。

2.5 基于系统可达速率函数部分凸性的迭代功率分配算法

以上几节针对非凸的优化问题，首先通过固定信源与中继之间的功率比例因子，并且对代价函数进行不等式放大，得到一个凸优化问题；然后对该凸问题进行求解，得到功率分配系数。然而，在系统设计时，信源与中继之间的功率比例因子同样需要优化确定，因此本节将充分利用系统的所有自由度，研究系统最优的功率比例因子和相应的功率分配系数问题。

考虑到信源和中继由于器件要求而分别受到不同的功率约束，因此系统的可用功率不能全部给信源（或中继），否则会超过信源（或中继）本身的功率峰值而烧坏器件。本节针对三个不同的功率约束，确定信源与中继之间功率比例因子的取值范围，具体如下。

信源和中继的功率峰值分别标记为 $P_{1\max}$ 和 $P_{2\max}$，系统总的可用功率是 P_0。需要说明的是，信源和中继的功率峰值是由器件决定的，因此本章认为 $P_{1\max}$ 和 $P_{2\max}$ 是不能改变的参数。首先进行如下定义：

$$\tau = \frac{P_{2\max}}{P_0} \tag{2-44}$$

式（2-44）度量了中继的功率约束与系统可用功率的比例大小。由于 $P_{1\max}$、$P_{2\max}$ 和 P_0 之间的大小关系会随着 P_0 的变化而变化，因此 τ 的大小是由 $P_{1\max}$、$P_{2\max}$ 和 P_0 这三个数值共同决定的。如果τ的大小已经确定，那么系统总的可用功率P_0被信源和中继共同使用，其中分配给中继的功率可表示为$P_2=P_0\tau$，分配给信源的功率可表示为$P_1=P_0(1-\tau)$。因此，τ的取值范围可以表示为如下形式：

$$\tau\in\begin{cases}0\leqslant\tau\leqslant 1, & 0\leqslant P_0\leqslant\min\{P_{1\max},P_{2\max}\}\\ \max\left\{1-\dfrac{P_{1\max}}{P_0},0\right\}\leqslant\tau\leqslant\min\left\{\dfrac{P_{2\max}}{P_0},1\right\}, & \min\{P_{1\max},P_{2\max}\}<P_0<P_{1\max}+P_{2\max}\\ \tau=\dfrac{P_{2\max}}{P_{2\max}+P_{1\max}}, & P_0=P_{1\max}+P_{2\max}\end{cases}\tag{2-45}$$

从式（2-45）可以看出，在器件给定的情况下，即$P_{1\max}$和$P_{2\max}$任意给定时，τ的取值范围为P_0的函数，如图 2.2 所示。

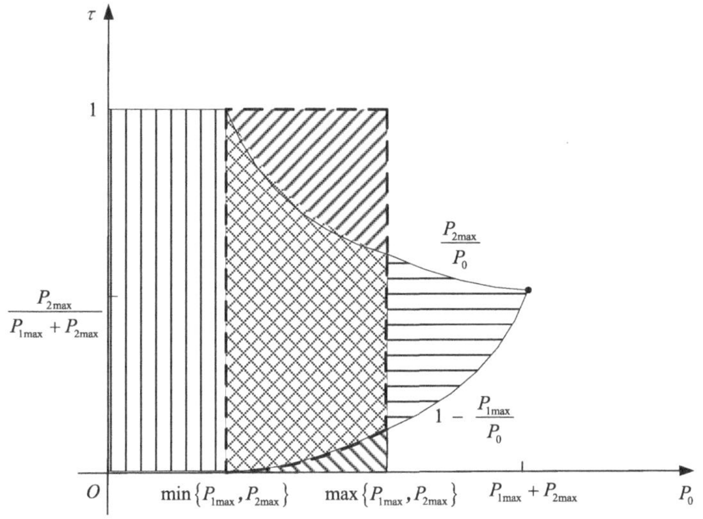

图 2.2　τ的取值范围随着P_0的变化情况

其中，最常见的功率分配情形是，系统总的可用功率P_0大于任何一个节点的峰值功率而小于系统所需的最大功率，即$\min\{P_{1\max},P_{2\max}\}<P_0<P_{1\max}+P_{2\max}$。该情形对应图 2.2 的中间部分，具体表示为

$$\tau\in\begin{cases}0\leqslant\tau\leqslant\dfrac{P_{2\max}}{P_0} & P_{2\max}<P_0<P_{1\max}, \quad P_{1\max}>P_{2\max}\\ 1-\dfrac{P_{1\max}}{P_0}\leqslant\tau\leqslant 1 & P_{1\max}<P_0<P_{2\max}, \quad P_{1\max}<P_{2\max}\\ 1-\dfrac{P_{1\max}}{P_0}\leqslant\tau\leqslant\dfrac{P_{2\max}}{P_0} & \max\{P_{1\max},P_{2\max}\}<P_0\leqslant P_{1\max}+P_{2\max}\end{cases}\tag{2-46}$$

在任意给定器件的峰值功率和系统可用总功率时，图 2.2 可以确定τ的取值范围，记为$\tau_{\min} \leqslant \tau \leqslant \tau_{\max}$。根据定理 2.1，本章提出的基于可达速率最大化的联合功率分配的优化问题式（2-17）的求解算法如下。

算法 2.1 基于可达速率最大化的迭代功率分配算法（Algorithm 1-Capacity）

步骤 1：初始化τ^0、$\boldsymbol{a}^0$、$\boldsymbol{b}^0$，令迭代次数$k=0$，停止条件$\varepsilon>0$，计算式（2-18）中代价函数的初始值f^0。

步骤 2：固定$\boldsymbol{a}^k$和$\boldsymbol{b}^k$，利用凸优化理论优化τ的大小，得到τ^{k+1}，其中$\tau \in [\tau_{\min}, \tau_{\max}]$是由图 2.2 确定的，即

$$\begin{aligned}&\min_{\tau}\quad f\left(\boldsymbol{a}^k, \boldsymbol{b}^k, \tau\right)=-\sum_{i=1}^{K}\log_2\left(1+\frac{P_0^2\tau(1-\tau)\alpha_i\beta_i a_i^k b_i^k}{1+P_0(1-\tau)\alpha_i a_i^k+P_0\tau\beta_i b_i^k}\right)\\&\text{s.t.}\quad \tau_{\min}\leqslant\tau\leqslant\tau_{\max}\end{aligned} \tag{2-47}$$

步骤 3：固定τ^{k+1}和$\boldsymbol{b}^k$，利用凸优化理论优化$\boldsymbol{a}$的大小，得到$\boldsymbol{a}^{k+1}$，即

$$\begin{aligned}&\min_{\boldsymbol{a}}\quad f\left(\boldsymbol{a}, \boldsymbol{b}^k, \tau^{k+1}\right)=-\sum_{i=1}^{K}\log_2\left(1+\frac{\left[P_0^2\tau^{k+1}\left(1-\tau^{k+1}\right)\alpha_i\beta_i b_i^k\right]a_i}{\left(1+P_0\tau^{k+1}\beta_i b_i^k\right)+\left[P_0\left(1-\tau^{k+1}\right)\alpha_i\right]a_i}\right)\\&\text{s.t.}\quad \boldsymbol{a}^{\mathrm{T}}\mathbf{1}=1,\ \mathbf{0}\leqslant\boldsymbol{a}\leqslant\mathbf{1}\end{aligned} \tag{2-48}$$

步骤 4：固定τ^{k+1}和$\boldsymbol{a}^{k+1}$，利用凸优化理论优化$\boldsymbol{b}$的大小，得到$\boldsymbol{b}^{k+1}$，即

$$\begin{aligned}&\min_{\boldsymbol{b}}\quad f\left(\boldsymbol{a}^{k+1}, \boldsymbol{b}, \tau^{k+1}\right)=-\sum_{i=1}^{K}\log_2\left(1+\frac{\left[P_0^2\tau^{k+1}\left(1-\tau^{k+1}\right)\alpha_i\beta_i a_i^{k+1}\right]b_i}{\left[1+P_0\left(1-\tau^{k+1}\right)\alpha_i a_i^{k+1}\right]+\left(P_0\tau^{k+1}\beta_i\right)b_i}\right)\\&\text{s.t.}\quad \boldsymbol{b}^{\mathrm{T}}\mathbf{1}=1, \mathbf{0}\leqslant\boldsymbol{b}\leqslant\mathbf{1}\end{aligned} \tag{2-49}$$

步骤 5：计算f^{k+1}，由于

$$E_r=\frac{\left|f^k-f^{k+1}\right|}{\left|f^k\right|}$$

如果$E_{\mathrm{r}}\leqslant\varepsilon$，则停止迭代；否则，令$k=k+1$，返回步骤 2 继续迭代。

上述迭代算法的收敛性是可以得到保证的，证明如下：在第k次迭代中，步骤 2 利用凸优化理论优化τ之后得到代价函数的大小是f_τ^k，步骤 3 优化$\boldsymbol{a}$得到最小的代价函数值是f_a^k。由于步骤 3 的优化过程是在步骤 2 优化结果的基础上进行的，因此步骤 3 优化得到的函数值一定不大于步骤 2 中的函数值，即$f_b^k\leqslant f_a^k$。以此类推，可得$f_b^k\leqslant f_a^k\leqslant f_\tau^k$。在第$k+1$次迭代中，步骤 2 在上一次迭代优化$\boldsymbol{b}$的基础上继续优化$\tau$，得到代价函数值$f_\tau^{k+1}$，因此有$f_\tau^{k+1}\leqslant f_b^k\leqslant f_a^k\leqslant f_\tau^k$，即每次优化得到的代价函数值是

递减的；同时，由于系统的可达速率具有上界，即式（2-18）中的代价函数存在下界，因此单调递减函数有下界这一特性保证了所提迭代算法的收敛性。

上述迭代算法充分利用了所有的自由度，能得到最优的功率分配方案，然而这需要三层迭代才能获得优化结果。为了加快迭代算法的收敛速度，下面将利用定理 2.2 的结论设计简化的迭代算法。由定理 2.2 可知，通过不等式放大得到修正的代价函数，修正后的代价函数具有更好的凸性，利用这些更好的凸性设计简化算法如下。

算法 2.2　基于可达速率最大化的简化的联合功率分配算法（Algorithm 2-Capacity）

步骤 1：初始化 τ^0 、$\boldsymbol{a}^0$ 和 $\boldsymbol{b}^0$，令迭代次数 $k=0$，设置迭代停止条件 $\varepsilon>0$，计算式（2-17）中的代价函数的初始值 f_{lb}^0。

步骤 2：固定 $\boldsymbol{a}^k$ 和 $\boldsymbol{b}^k$，利用凸优化理论优化 τ，其中 $\tau\in[\tau_{\min},\tau_{\max}]$，得到当前条件下最优的 τ^{k+1}，即

$$\min_{\tau}\quad f_{\text{lb}}\left(\boldsymbol{a}^k,\boldsymbol{b}^k,\tau\right)=\sum_{i=1}^{K}\log_2\left(\frac{1}{1+P_0(1-\tau)\alpha_i a_i^k}+\frac{1}{1+P_0\tau\beta_i b_i^k}\right)\qquad(2\text{-}50)$$
$$\text{s.t.}\quad \tau_{\min}\leqslant\tau\leqslant\tau_{\max}$$

步骤 3：固定 τ^{k+1}，利用凸优化理论对 $\boldsymbol{a}$ 和 $\boldsymbol{b}$ 进行同时优化，即

$$\min_{\boldsymbol{a},\boldsymbol{b}}\quad f_{\text{lb}}\left(\boldsymbol{a},\boldsymbol{b},\tau^{k+1}\right)=\sum_{i=1}^{K}\log_2\left(\frac{1}{1+P_0\left(1-\tau^{k+1}\right)\alpha_i a_i}+\frac{1}{1+P_0\tau^{k+1}\beta_i b_i}\right)\qquad(2\text{-}51)$$
$$\text{s.t.}\quad \boldsymbol{a}^{\mathrm{T}}\boldsymbol{1}\leqslant 1,\ \boldsymbol{0}\leqslant\boldsymbol{a}\leqslant\boldsymbol{1},\ \boldsymbol{b}^{\mathrm{T}}\boldsymbol{1}\leqslant 1,\ \boldsymbol{0}\leqslant\boldsymbol{b}\leqslant\boldsymbol{1}$$

步骤 4：计算 f_{lb}^{k+1}，由于

$$E_{\text{r}}=\frac{\left|f_{\text{lb}}^k-f_{\text{lb}}^{k+1}\right|}{\left|f_{\text{lb}}^k\right|}$$

如果 $E_{\text{r}}\leqslant\varepsilon$，则停止迭代；否则，令 $k=k+1$，返回步骤 2 继续迭代。

算法 2.2 的收敛性同样能够得到保证，具体分析类似于算法 2.1 的收敛性分析。算法 2.2 只需要两层迭代就能完成优化任务，而算法 2.1 需要三层迭代才能完成功率分配。同时，由于算法 2.1 中的收敛速度主要集中在对两个向量 $\boldsymbol{a}$ 和 $\boldsymbol{b}$ 的求解上，而对于标量 τ 的优化所需的复杂度非常低，因此算法 2.2 把两个列向量放在一起进行同时优化能够明显加快算法 2.1 中的收敛速度。

2.6 基于均方误差函数最小化的功率分配研究现状

前面几节优化功率系数的目标是在有限的可用功率下最大化系统的可达速率性能，然而蜂窝无线通信系统中的另一个重要指标是链路可靠性。中继增强型蜂窝通信系统的功率分配方案已有很多[26-39]：文献[26]分别基于系统的中断概率和平均误符号率最小化准则进行了信源与中继之间的联合功率分配，并且把这些方案推广到有限反馈下的通信情形[27]。文献[28]首先推导出了系统中断概率的表达式，然后通过最小化该表达式得到一个联合功率分配方案。文献[29]用计算机数值实验方法测试了信源与中继之间的功率比例因子大小对于系统误比特率（BER）性能的影响。文献[30]、[31]给出了最优功率比例因子的解析表达式。文献[32]研究了部分信道状态信息（partial channel status information，PCSI）下的功率分配问题。文献[33]研究了各种中继工作模型下的成对错误概率函数的上界，然后进行了功率分配优化。文献[34]研究了所有节点都是单天线的功率分配问题，提出了基于接收 SNR 最大化的功率分配方案；由于所有节点都只有一根天线，因此最大化 SNR 等价于最小化系统的均方误差函数。文献[35]做了类似的工作。文献[36]研究了信源和中继没有信道信息时的功率分配问题。文献[37]针对多天线的中继系统提出了四种功率分配方案，然而这些方案都是简单的尝试而没有经过优化。文献[38]针对文献[37]的系统模型进行了基于中断概率最小化的功率分配。然而，这些功率分配的研究都是针对单天线信源和单天线信宿的情形，而没有研究信源和目的端都是多天线的情况。

当 SISO 中继系统推广到 MIMO 中继系统时，由于整个通信系统包括多根天线，并且这些天线分别配置在信源、中继和用户上，因此，MIMO 中继的功率分配成为很复杂的问题。针对中继增强型 MIMO 通信系统，文献[39]使用放大转发型中继，首先通过巧妙设计中继处理矩阵使得整个信道变为一组并行的 SISO 子信道，然后基于符号均方误差函数最小化准则，对这一组并行的子信道进行功率分配。另外，该文献证明了把整个 MIMO 系统转换为几个平行的 SISO 子信道这一操作对于接收端最小均方误差（MMSE）性能来说是最优的。然而，该文献假设信源的多天线没有参与功率分配，仅对中继上的多天线进行功率分配，没有从整个系统的角度研究信源和中继的联合功率分配问题。

为了获得联合最优的功率分配方案，进而提高通信可靠性，本章研究中继增强型 MIMO 通信系统，其中包含一个信源、一个中继和一个用户，所有节点都配有多根天线，目标是寻找一个联合最优的功率分配方案使系统 MSE 最小化。

2.7　基于均方误差函数最小化的联合功率分配问题的数学建模

关于 MIMO 中继系统的功率分配问题，现有方案都是追求通信的可达速率，而通信可靠性是一个很重要的追求指标，本章的联合功率分配是为了提高通信的错误概率性能。在点对点的 MIMO 通信系统中，每个子信道的 MSE 可以通过该子信道的 SNR 来表征[40]：

$$\mathrm{MSE}_i=\frac{1}{1+\mathrm{SNR}_i},\ i=1,2,\cdots,K \tag{2-52}$$

基于式（2-52），可定义

$$g=\sum_{i=1}^{K}\mathrm{MSE}_i=\sum_{i=1}^{K}\frac{1}{1+\mathrm{SNR}_i} \tag{2-53}$$

该定义[40]已被用于点对点的 MIMO 系统收发机的联合设计中[40-41]，本章将其引入中继增强型 MIMO 通信系统中。通过最小化 MSE 进行联合功率分配，进而实现通信的可靠性。由式（2-15）和式（2-53）可知，带有约束的 MSE 最小化问题可描述如下：

$$\min_{\tau,\boldsymbol{a},\boldsymbol{b}}\ g(\boldsymbol{a},\boldsymbol{b},\tau)=\sum_{i=1}^{K}\frac{1}{1+\mathrm{SNR}_i}=\sum_{i=1}^{K}\frac{1+P_0(1-\tau)\alpha_i a_i+P_0\tau\beta_i b_i}{1+P_0(1-\tau)\alpha_i a_i+P_0\tau\beta_i b_i+P_0^2\tau(1-\tau)\alpha_i\beta_i a_i b_i} \tag{2-54}$$

$$\text{s.t.}\ \ 0\leqslant\tau\leqslant1,\ \boldsymbol{a}^{\mathrm{T}}\mathbf{1}\leqslant1,\ \mathbf{0}\leqslant\boldsymbol{a}\leqslant\mathbf{1},\ \boldsymbol{b}^{\mathrm{T}}\mathbf{1}\leqslant1,\ \mathbf{0}\leqslant\boldsymbol{b}\leqslant\mathbf{1}$$

通过分析式（2-54）中的代价函数可以发现，$g(\boldsymbol{a},\boldsymbol{b},\tau)$ 关于其中部分参数是凸函数，但是关于全局参数 $(\boldsymbol{a};\boldsymbol{b};\tau)$ 是非凸函数，具体结论如下：

定理 2.3　对于代价函数 $g(\boldsymbol{a},\boldsymbol{b},\tau)$：

① 任意给定 $(\boldsymbol{b};\tau)$（或 $(\boldsymbol{a};\tau)$），它关于 $\boldsymbol{a}$（或 $\boldsymbol{b}$）是凸函数；

② 任意给定 $(\boldsymbol{a};\boldsymbol{b})$，它关于 τ 是凸函数；

③ 任意给定 τ，它关于 $(\boldsymbol{a};\boldsymbol{b})$ 是非凸函数；

④ 它关于 $(\boldsymbol{a};\boldsymbol{b};\tau)$ 是非凸函数。

证明　首先证明第一个结论。在任意给定的 $(\boldsymbol{b};\tau)$ 下，定义：

$$A_i=P_0\alpha_i(1-\tau),B_i=P_0^2\alpha_i\beta_i\tau(1-\tau)b_i,\ C_i=1+P_0\beta_i\tau b_i,\ i=1,2,\cdots,K$$

此时，式（2-54）中的代价函数可重新写为

$$g=\sum_{i=1}^{K}\left[\frac{A_i}{A_i+B_i}+\frac{\dfrac{B_iC_i}{A_i+B_i}}{C_i+(A_i+B_i)a_i}\right] \tag{2-55}$$

由于$\boldsymbol{a}$中的每个分量在g中都是可分的，因此g关于$\boldsymbol{a}$的凹凸性等价于g关于$\boldsymbol{a}$中每个分量的凹凸性。同时，由于$A_i \geqslant 0$、$B_i \geqslant 0$和$C_i > 0$，因此存在如下不等式：

$$\frac{\partial^2 g}{\partial a_i^2} = \frac{2B_i C_i (A_i + B_i)}{[C_i + (A_i + B_i)]^3} > 0 \tag{2-56}$$

所以，g关于a_i $(i=1,2,\cdots,K)$是凸函数，其等价为g在任意给定$(\boldsymbol{b};\tau)$时关于列向量$\boldsymbol{a}$是凸函数。同理可得，g在任意给定$(\boldsymbol{a};\tau)$时关于$\boldsymbol{b}$是凸函数。

然后证明g关于τ的凹凸性。定义$\phi_i = P_0 a_i \alpha_i$和$\varphi_i = P_0 b_i \beta_i$，有

$$g = \sum_{i=1}^{K} \left\{ \frac{1}{1+\phi_i(1-\tau)} + \frac{1}{1+\varphi_i \tau} - \frac{1}{[1+\phi_i(1-\tau)](1+\varphi_i \tau)} \right\} \tag{2-57}$$

$$\frac{\mathrm{d}^2 g}{\mathrm{d}\tau^2} = \sum_{i=1}^{K} \left\{ 2\phi_i^2 [1+\phi_i(1-\tau)]^{-3} \frac{\varphi_i \tau}{1+\varphi_i \tau} + 2\varphi_i^2 (1+\varphi_i \tau)^{-3} \frac{\phi_i(1-\tau)}{1+\phi_i(1-\tau)} + 2\phi_i \varphi_i [1+\phi_i(1-\tau)]^{-2} (1+\varphi_i \tau)^{-2} \right\} \tag{2-58}$$

很明显，$\dfrac{\mathrm{d}^2 g}{\mathrm{d}\tau^2} \geqslant 0$，因此$g$在任意给定$(\boldsymbol{a};\boldsymbol{b})$时关于$\tau$是凸函数。

接着证明g关于$(\boldsymbol{a};\boldsymbol{b})$的凹凸性。定义$\boldsymbol{c}_i = (a_i, b_i)$，由于$g$关于$\boldsymbol{c}$是可分的，因此只需证明$g$关于$\boldsymbol{c}_i$是非凸函数。对于给定的$\tau$，定义$D_i = P_0 \beta_i \tau$，有

$$g = K - \sum_{i=1}^{K} \left(1 - \frac{1}{1+A_i a_i}\right)\left(1 - \frac{1}{1+D_i b_i}\right) \tag{2-59}$$

可得其海森矩阵为

$$\nabla_{c_i}^2 g = \begin{pmatrix} 2A_i^2 (1+A_i a_i)^{-3} \left(1 - \dfrac{1}{1+D_i b_i}\right) & -A_i D_i (1+A_i a_i)^{-2} (1+D_i b_i)^{-2} \\ -A_i D_i (1+A_i a_i)^{-2} (1+D_i b_i)^{-2} & 2D_i^2 (1+D_i b_i)^{-3} \left(1 - \dfrac{1}{1+A_i a_i}\right) \end{pmatrix} \tag{2-60}$$

显然，$\det\left(\nabla_{c_i}^2 g\right)$并不能保证永远非负，因此$g$关于$\boldsymbol{c}_i$是非凸函数，其等价为$g$关于$(\boldsymbol{a};\boldsymbol{b})$是非凸函数。

最后由于g关于$(\boldsymbol{a};\boldsymbol{b})$是非凸函数，因此$g$关于$(\boldsymbol{a};\boldsymbol{b};\tau)$是非凸函数[25]。

证毕。

定理 2.3 说明，式（2-54）不能直接利用凸优化的方法来求解，因此很难得到基于 MSE 最小化的联合功率分配问题的最优解。然而，需要指出的是，若中继的功率分配系数固定下来，可以很容易得到信源的最优功率分配系数，反之亦然。2.8 节将通过修正式（2-54）中的代价函数获得任意固定τ情况下的联合最优的功率分配系数。

2.8 基于均方误差上界函数的联合功率分配方案

本节通过修正式（2-54）中的代价函数获得一个凸优化问题，然后进行联合功率分配。因为式（2-54）中的代价函数包含$(1+\mathrm{SNR}_i)$，所以要研究$\mathrm{MSE}_i=1/(1+\mathrm{SNR}_i)$的上下界。利用式（2-15）和式（2-54），可以得到

$$\begin{aligned}\mathrm{MSE}_i&=\frac{1}{1+\mathrm{SNR}_i}\\&=\frac{1+P_0(1-\tau)\alpha_i a_i+P_0\tau\beta_i b_i}{1+P_0(1-\tau)\alpha_i a_i+P_0\tau\beta_i b_i+P_0^2\tau(1-\tau)\alpha_i\beta_i a_i b_i}\\&=\frac{1}{1+P_0(1-\tau)\alpha_i a_i}+\frac{1}{1+P_0\tau\beta_i b_i}-\frac{1}{[1+P_0(1-\tau)\alpha_i a_i](1+P_0\tau\beta_i b_i)}\\&\leqslant\frac{1}{1+P_0(1-\tau)\alpha_i a_i}+\frac{1}{1+P_0\tau\beta_i b_i}\end{aligned}\tag{2-61}$$

另外，由于$\alpha_i>0,\ \beta_i>0$且$0\leqslant\tau\leqslant1$，因此存在不等式$[1+P_0(1-\tau)\alpha_i a_i](1+P_0\tau\beta_i b_i)\geqslant1$。由式（2-61）的第三个等号可得

$$\frac{1}{1+\mathrm{SNR}_i}\geqslant\frac{1}{1+P_0(1-\tau)\alpha_i a_i}+\frac{1}{1+P_0\tau\beta_i b_i}-1\tag{2-62}$$

由式（2-61）和式（2-62）可得

$$\mu_i-1\leqslant\frac{1}{1+\mathrm{SNR}_i}\leqslant\mu_i\tag{2-63}$$

式中，

$$\mu_i=\frac{1}{1+P_0(1-\tau)\alpha_i a_i}+\frac{1}{1+P_0\tau\beta_i b_i}\tag{2-64}$$

很明显，式（2-63）给出了两个边界μ_i-1和μ_i，MSE_i被限制在二者之间。使用其中任意一个边界函数来替代式（2-54）中的MSE_i，进而修正联合功率分配问题的目标函数。我们不妨使用上界函数μ_i，可得修正的基于MSE最小化的优化问题——基于MSE最小化的联合功率分配（joint power allocation based on sum MSE minimization，JPA-E）：

$$\begin{aligned}&\min_{\tau,\boldsymbol{a},\boldsymbol{b}}\ g_{\mathrm{ub}}(\boldsymbol{a},\boldsymbol{b},\tau)=\sum_{i=1}^{K}\left(\frac{1}{1+P_0(1-\tau)\alpha_i a_i}+\frac{1}{1+P_0\tau\beta_i b_i}\right)\\&\text{s.t.}\ \ 0\leqslant\tau\leqslant1,\ \boldsymbol{a}^{\mathrm{T}}\mathbf{1}\leqslant1,\ \mathbf{0}\leqslant\boldsymbol{a}\leqslant\mathbf{1},\ \boldsymbol{b}^{\mathrm{T}}\mathbf{1}\leqslant1,\ \mathbf{0}\leqslant\boldsymbol{b}\leqslant\mathbf{1}\end{aligned}\tag{2-65}$$

显然，利用下界函数μ_i-1可以得到相同的结果。下面给出$g_{\text{ub}}(\boldsymbol{a},\boldsymbol{b},\tau)$关于凹凸性的结论。

定理 2.4 对于代价函数$g_{\text{ub}}(\boldsymbol{a},\boldsymbol{b},\tau)$：

① 任意给定的$\tau\in[0,1]$，它关于$(\boldsymbol{a};\boldsymbol{b})$是凸函数；

② 任意给定的$(\boldsymbol{a};\boldsymbol{b})$，它关于$\tau$是凸函数；

③ 它关于$(\boldsymbol{a};\boldsymbol{b};\tau)$是非凸函数。

证明 在g_{ub}中$(\boldsymbol{a};\boldsymbol{b})$的所有分量是可分的，因此$g_{\text{ub}}$关于$(\boldsymbol{a};\boldsymbol{b})$的凹凸性等价于$g_{\text{ub}}$关于$(a_i,b_i)$ $(i=1,2,\cdots,K)$的凹凸性。同时，有

$$\begin{cases}\dfrac{\partial^2 g_{\text{ub}}}{\partial a_i^2}=2\left[P_0(1-\tau)\alpha_i\right]^2\left[1+P_0(1-\tau)\alpha_i a_i\right]^{-3}\geqslant 0\\ \dfrac{\partial^2 g_{\text{ub}}}{\partial b_i^2}=2\left(P_0\tau\beta_i\right)^2\left(1+P_0\tau\beta_i b_i\right)^{-3}\geqslant 0\\ \dfrac{\partial^2 g_{\text{ub}}}{\partial a_i\partial b_i}=0\end{cases} \tag{2-66}$$

因此，g_{ub}的海森矩阵的行列式永远是非负的，即g_{ub}在任意给定$\tau\in[0,1]$时关于(a_i,b_i) $(i=1,2,\cdots,K)$是凸函数，g_{ub}在任意给定$\tau\in[0,1]$时关于$(\boldsymbol{a};\boldsymbol{b})$是凸函数。

下面证明g_{ub}关于τ的凹凸性。首先计算g_{ub}关于τ的二阶导数，如下：

$$\frac{\partial^2 g_{\text{ub}}}{\partial \tau^2}=2\sum_{i=1}^{K}\left(P_0\alpha_i a_i\right)^2\left[1+P_0(1-\tau)\alpha_i a_i\right]^{-3}+2\sum_{i=1}^{K}\left(P_0\beta_i b_i\right)^2\left(1+P_0\tau\beta_i b_i\right)^{-3}\geqslant 0 \tag{2-67}$$

因此，g_{ub}在任意给定$(\boldsymbol{a};\boldsymbol{b})$时关于$\tau\in[0,1]$是凸函数。很容易证明$g_{\text{ub}}$关于$(\boldsymbol{a};\boldsymbol{b};\tau)$是非凸函数。

证毕。

定理 2.4 说明，只要τ在区间$[0,1]$中任意给定，式（2-65）中的代价函数关于所有的功率分配系数是凸函数，因此此时联合功率分配问题能够通过高效的凸优化算法来解决[25]。

2.9 基于均方误差函数部分凸性的迭代功率分配算法

前面几节的分析表明系统的均方误差函数关于所有自变量是非凸函数。为了利用凸优化理论求解非凸问题，前面几节通过调整固定信源与中继之间的功率比例因子，然后通过不等式放大方法修正系统均方误差函数，进而得到凸的优化问题，最后通过高效的凸优化理论求解功率分配系数。然而，在系统设计时，信源与中继之间的功率比例因子同样需要参与优化，最终得到所有参数都参与优化的功率分配系数。

由于器件本身的特性不同，因此信源和中继分别受到不同的功率约束；同时，由于系统的可用功率是有限的，因此τ的定义见式（2-44），其取值范围如图 2.2 所示。考虑到系统的均方误差函数关于部分自变量是凸函数，本章根据定理 2.3 设计一个迭代算法，得到最优的功率分配系数，具体如下。

算法 2.3　均方误差最小化的迭代功率分配算法（Algorithm 1-MSE）

步骤 1：初始化τ^0、$\boldsymbol{a}^0$和$\boldsymbol{b}^0$，令迭代次数$k=0$，迭代停止条件$\varepsilon>0$，计算式（2-54）中的代价函数初始值g^0。

步骤 2：固定$\boldsymbol{a}^k$和$\boldsymbol{b}^k$，利用凸优化理论优化τ的大小，得到τ^{k+1}，其中$\tau\in[\tau_{\min},\tau_{\max}]$，即

$$\begin{aligned}&\min_{\tau}\quad g\left(\boldsymbol{a}^k,\boldsymbol{b}^k,\tau\right)=\sum_{i=1}^{K}\frac{1+P_0(1-\tau)\alpha_i a_i^k+P_0\tau\beta_i b_i^k}{1+P_0(1-\tau)\alpha_i a_i^k+P_0\tau\beta_i b_i^k+P_0^2\tau(1-\tau)\alpha_i\beta_i a_i^k b_i^k}\\&\text{s.t.}\quad \tau_{\min}\leqslant\tau\leqslant\tau_{\max}\end{aligned}\tag{2-68}$$

步骤 3：固定τ^{k+1}和$\boldsymbol{b}^k$，利用凸优化理论优化$\boldsymbol{a}$的大小，得到$\boldsymbol{a}^{k+1}$，即

$$\begin{aligned}&\min_{\boldsymbol{a}}\quad g\left(\boldsymbol{a},\boldsymbol{b}^k,\tau^{k+1}\right)=\sum_{i=1}^{K}\frac{1+P_0\left(1-\tau^{k+1}\right)\alpha_i a_i+P_0\tau^{k+1}\beta_i b_i^k}{1+P_0\left(1-\tau^{k+1}\right)\alpha_i a_i+P_0\tau^{k+1}\beta_i b_i^k+P_0^2\tau^{k+1}\left(1-\tau^{k+1}\right)\alpha_i\beta_i a_i b_i^k}\\&\text{s.t.}\quad \boldsymbol{a}^{\mathrm{T}}\boldsymbol{1}\leqslant 1,\ \boldsymbol{0}\leqslant\boldsymbol{a}\leqslant\boldsymbol{1}\end{aligned}\tag{2-69}$$

步骤 4：固定τ^{k+1}和$\boldsymbol{a}^{k+1}$，利用凸优化理论优化$\boldsymbol{b}$的大小，得到$\boldsymbol{b}^{k+1}$，即

$$\begin{aligned}&\min_{\boldsymbol{b}}\quad g\left(\boldsymbol{a}^{k+1},\boldsymbol{b},\tau^{k+1}\right)=\sum_{i=1}^{K}\frac{1+P_0\left(1-\tau^{k+1}\right)\alpha_i a_i^{k+1}+P_0\tau^{k+1}\beta_i b_i}{1+P_0\left(1-\tau^{k+1}\right)\alpha_i a_i^{k+1}+P_0\tau^{k+1}\beta_i b_i+P_0^2\tau^{k+1}\left(1-\tau^{k+1}\right)\alpha_i\beta_i a_i^{k+1}b_i}\\&\text{s.t.}\quad \boldsymbol{b}^{\mathrm{T}}\boldsymbol{1}\leqslant 1,\ \boldsymbol{0}\leqslant\boldsymbol{b}\leqslant\boldsymbol{1}\end{aligned}\tag{2-70}$$

步骤 5：计算代价函数值g^{k+1}，由于

$$E_r=\frac{\left|g^k-g^{k+1}\right|}{\left|g^k\right|}$$

如果$E_{\mathrm{r}}\leqslant\varepsilon$，则停止迭代；否则，令$k=k+1$，返回步骤 2 继续迭代。

上述迭代算法的收敛性可以得到保证，其中每一层迭代都是利用凸优化理论进行求解的，因此每一步都得到了局部最优解。在第k次迭代中，步骤 2 优化得到的函数值是g_τ^k，步骤 3 优化得到的函数值是$g_{\boldsymbol{a}}^k$。由于步骤 3 是在步骤 2 的基础上进行的优化，因

此 $g_{\tau}^{k} \geqslant g_{\boldsymbol{a}}^{k}$。以此类推，可得 $g_{\tau}^{k} \geqslant g_{\boldsymbol{a}}^{k} \geqslant g_{\boldsymbol{b}}^{k}$。在第 $k+1$ 次迭代中，步骤 2 在上一次迭代的基础上继续优化，因此有 $g_{\tau}^{k} \geqslant g_{\boldsymbol{a}}^{k} \geqslant g_{\boldsymbol{b}}^{k} \geqslant g_{\tau}^{k+1}$，即代价函数在每次迭代中都是单调递减的；同时，由于代价函数是系统均方误差，即 $g \geqslant 0$，因此单调递减函数有下界这一特性保证了所提算法的收敛性。

上述迭代算法基于系统误差函数最小化准则优化得到联合功率分配系数，然而这需要三层迭代才能完成。为了加快迭代算法的收敛速度，下面将利用不等式放大法对原始误差函数进行修正，进而得到更好的凸性，最终减少迭代步骤，加快收敛速度。根据定理 2.4，本章设计简化的迭代算法，如下：

算法 2.4 均方误差最小化的简化迭代功率分配算法（Algorithm 2-MSE）

步骤 1：初始化 τ^{0}、$\boldsymbol{a}^{0}$ 和 $\boldsymbol{b}^{0}$，令迭代次数 $k=0$，迭代停止条件 $\varepsilon>0$，计算式（2-54）中的代价函数的初始值 g_{ub}^{0}。

步骤 2：固定 $\boldsymbol{a}^{k}$ 和 $\boldsymbol{b}^{k}$，利用凸优化理论优化 τ，得到 τ^{k+1}，其中 $\tau \in \left[\tau_{\min}, \tau_{\max}\right]$，即

$$
\begin{aligned}
&\min_{\tau} \quad g_{\mathrm{ub}}\left(\boldsymbol{a}^{k}, \boldsymbol{b}^{k}, \tau\right)=\sum_{i=1}^{K}\left(\frac{1}{1+P_{0}(1-\tau) \alpha_{i} a_{i}^{k}}+\frac{1}{1+P_{0} \tau \beta_{i} b_{i}^{k}}\right) \\
&\text{s.t.} \quad \tau_{\min} \leqslant \tau \leqslant \tau_{\max}
\end{aligned}
\tag{2-71}
$$

步骤 3：固定 τ^{k+1}，基于式（2-65），利用凸优化理论同时优化 $\boldsymbol{a}$ 和 $\boldsymbol{b}$，得到 $\boldsymbol{a}^{k+1}$ 和 $\boldsymbol{b}^{k+1}$：

$$
\begin{aligned}
&\min_{\boldsymbol{a}, \boldsymbol{b}} \quad g_{\mathrm{ub}}\left(\boldsymbol{a}, \boldsymbol{b}, \tau^{k+1}\right)=\sum_{i=1}^{K}\left(\frac{1}{1+P_{0}\left(1-\tau^{k+1}\right) \alpha_{i} a_{i}}+\frac{1}{1+P_{0} \tau^{k+1} \beta_{i} b_{i}}\right) \\
&\text{s.t.} \quad \boldsymbol{a}^{\mathrm{T}} \mathbf{1} \leqslant 1,\ \mathbf{0} \leqslant \boldsymbol{a} \leqslant \mathbf{1},\ \boldsymbol{b}^{\mathrm{T}} \mathbf{1} \leqslant 1,\ \mathbf{0} \leqslant \boldsymbol{b} \leqslant \mathbf{1}
\end{aligned}
\tag{2-72}
$$

步骤 4：计算代价函数值 g_{ub}^{k+1}，由于

$$
E_{\mathrm{r}}=\frac{\left|g_{\mathrm{ub}}^{k}-g_{\mathrm{ub}}^{k+1}\right|}{\left|g_{\mathrm{ub}}^{k}\right|}
$$

如果 $E_{\mathrm{r}} \leqslant \varepsilon$，则停止迭代；否则，令 $k=k+1$，返回步骤 2 继续迭代。

上述迭代算法的收敛性可以得到保证，具体分析类似于算法 2.3 的收敛性分析。算法 2.3 能够获得最小均方误差的最优功率分配系数，然而这需要三层迭代才能完成；算法 2.4 充分利用修正后均方误差函数的更好凸性，联合求解向量 $\boldsymbol{a}$ 和 $\boldsymbol{b}$，这避免了算法 2.3 中分两步求解 $\boldsymbol{a}$ 和 $\boldsymbol{b}$，从而明显加快收敛速度。

2.10　仿真结果与分析

本节通过计算机仿真比较了现有功率分配方案[24]和新提出的联合功率分配方案的总速率和累积分布函数性能。假设信道响应 $\boldsymbol{H}_1$ 和 $\boldsymbol{H}_2$ 都服从 Rayleigh 分布且空间不相关，信源、中继和信宿的天线数目相同[24]，即 $M=L=N=4$，信源和中继的归一化 SNR 分别定义为 $\rho_1=P_0(1-\tau)/(\sigma_1^2M)$ 和 $\rho_2=P_0\tau/(\sigma_2^2L)$，其中 $\sigma_1^2=\sigma_2^2=1$。由于本章假设信源和中继能够获知全部的信道状态信息，因此所提方案可以应用于各种信道模型。

图 2.3 给出了系统在不同 ρ_1 和 ρ_2 下的可达速率，并且比较了新提出的功率分配和现有方案[24]的可达速率，其中纵坐标是遍历容量（ergodic capacity），这是从 Monte Carlo 统计意义的角度测试系统的可达速率。其中，文献[24]中的方案是假设信源的多个子信道之间没有进行功率分配，而只有中继上的多天线间的功率分配。需要指出的是，随着 ρ_1 或 ρ_2 的增加，系统的总功率 P_0 也是增加的，但是 $\tau=\rho_2/(\rho_1+\rho_2)$ 随着 ρ_1 的增加而减小，随着 ρ_2 的增加而增大。由图 2.3 可以发现，当 ρ_1 较高时，新提出的功率分配方案（JPA-C）比文献[24]中的方案获得大约 1b/（s·Hz）的可达速率增益。

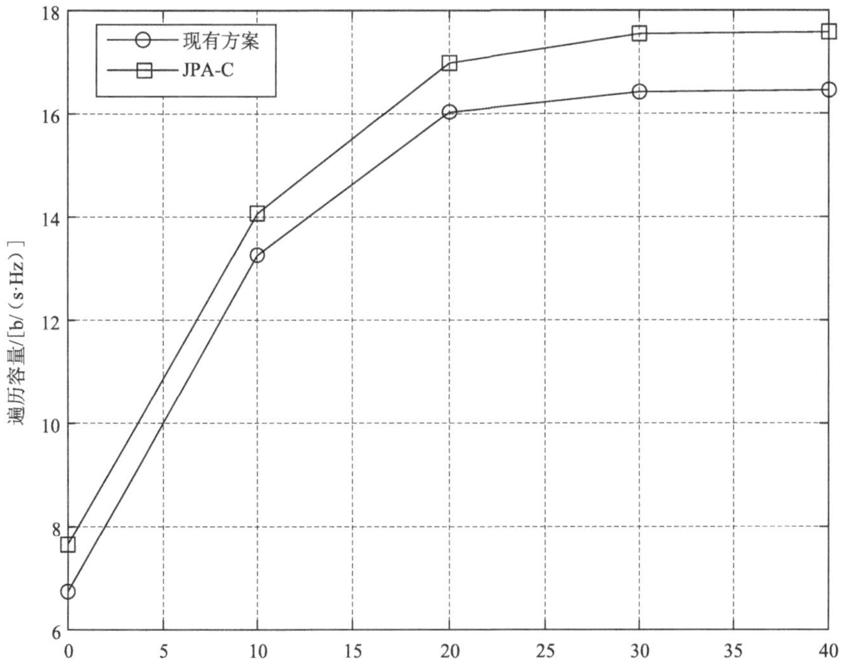

（a）固定 ρ_2=10dB

图 2.3　不同信噪比下所提方案和现有方案的系统可达速率比较

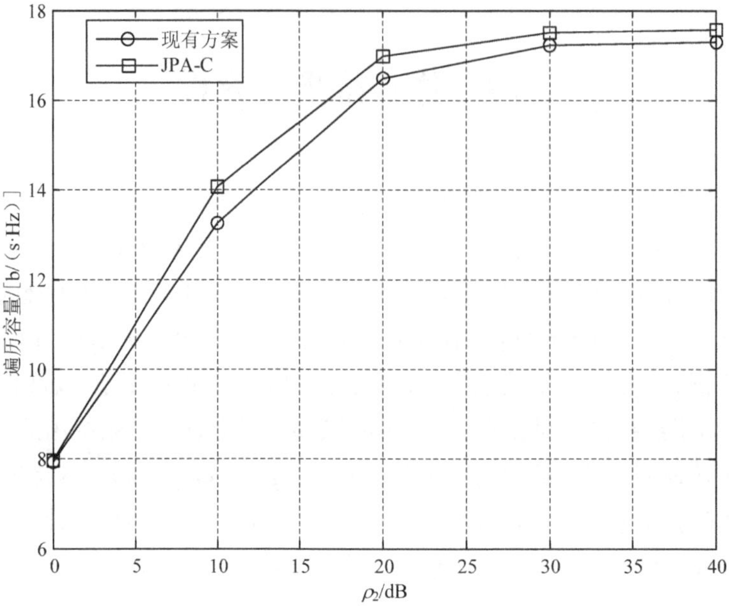

（b）固定 ρ_1=10dB

图 2.3（续）

图 2.4 给出了系统在 ρ_2 固定为 10dB 时，不同 ρ_1 对应的累积分布函数（cumulative distribution function，CDF）曲线；以及 ρ_1 固定为 10dB 时，不同 ρ_2 对应的累积分布函数曲线。此时，τ 固定为 $\rho_2/(\rho_1+\rho_2)$ 而没有进行优化。很明显，累积分布函数曲线同样证明了新提出的功率分配方案具有明显的优越性。图 2.4（b）中在 $\rho_1=10\text{dB}$ 且 $\rho_2=0\text{dB}$

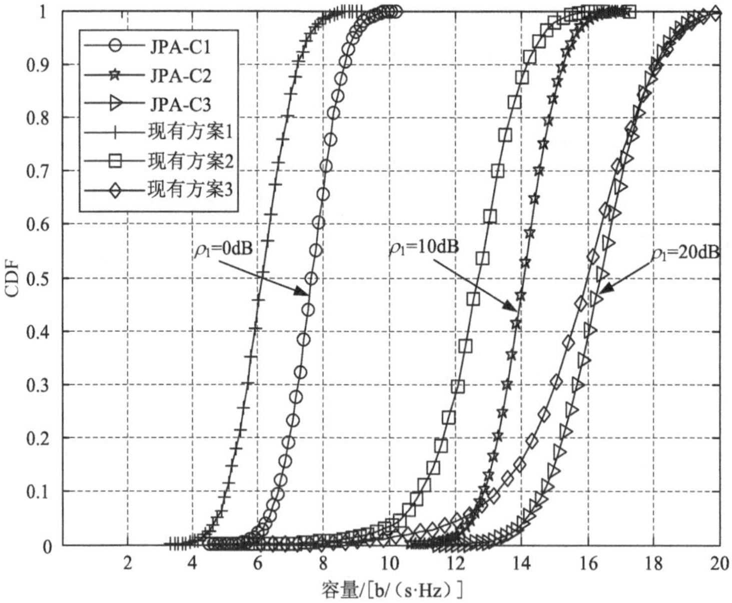

（a）固定 ρ_2=10dB

图 2.4　不同信噪比下所提方案和现有方案的累积分布函数性能比较

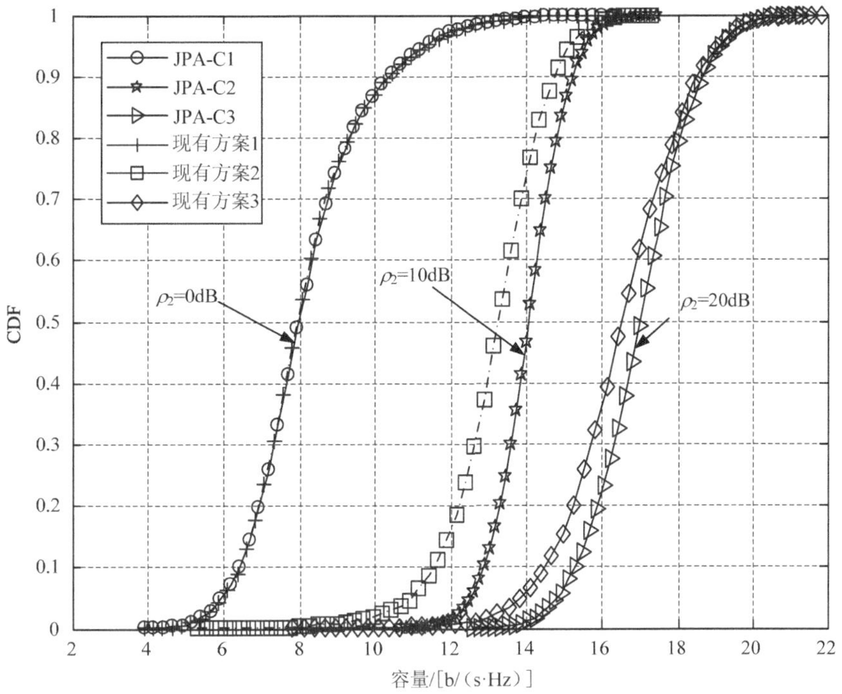

（b）固定 ρ_1=10dB

图 2.4（续）

时，所提方案和现有方案对应的曲线基本重合，这是因为 $\rho_2 = 0\text{dB}$ 使中继上的功率放大能力非常小，等效为第二跳信道传输能力很差，从而导致中继上的功率分配效果对整个系统的影响占主要作用，而 $\rho_1 = 10\text{dB}$ 使第一跳信道的传输能力比较好，因此现有方案仅对中继上的多根天线进行功率分配这一简单优化基本接近所提方案对系统进行联合功率分配的性能。

图 2.3 和图 2.4 中的系统总功率是变化的，并且随着 ρ_1（或 ρ_2）的增加而增加，其中 τ 的数值是由系统设计事先确定的，因此 $\tau \in (0,1)$ 不需要优化设计。图 2.5 研究了新提出的功率分配方案在系统功率 $P_0 = 40\text{dB}$ 时不同 τ 下的系统可达速率，其中功率单位 dB 是指在噪声方差为 1 时对信号的幅度取 $10\log_{10}(\cdot)$。很明显，曲线关于 $\tau = 0.5$ 是对称的，这是因为信源和中继的天线数目相同，并且第一跳和第二跳信道响应服从相同的分布。从统计意义上来说，当 $\tau = 0.5$ 时，系统的可达速率达到最大值，然而 τ 的数值大小需要在信源和中继不同的功率约束下进行联合优化设计才能得到。

图 2.6 和图 2.7 给出了两个迭代算法产生的系统速率性能曲线。由图 2.6 和图 2.7 可见，所提算法能得到最好的可达速率性能，其中纵坐标标注的总容量（sum capacity）和容量（capacity）都表示并行化的 SISO 信道总的可达速率。

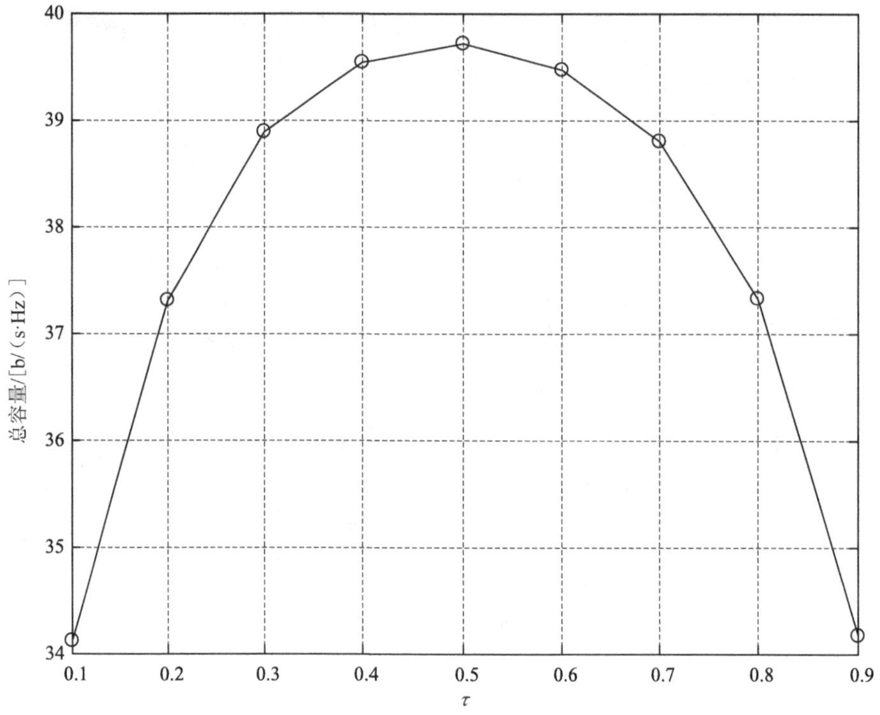

图 2.5 在 P_0=40dB 时 τ 固定在不同数值时的系统可达速率

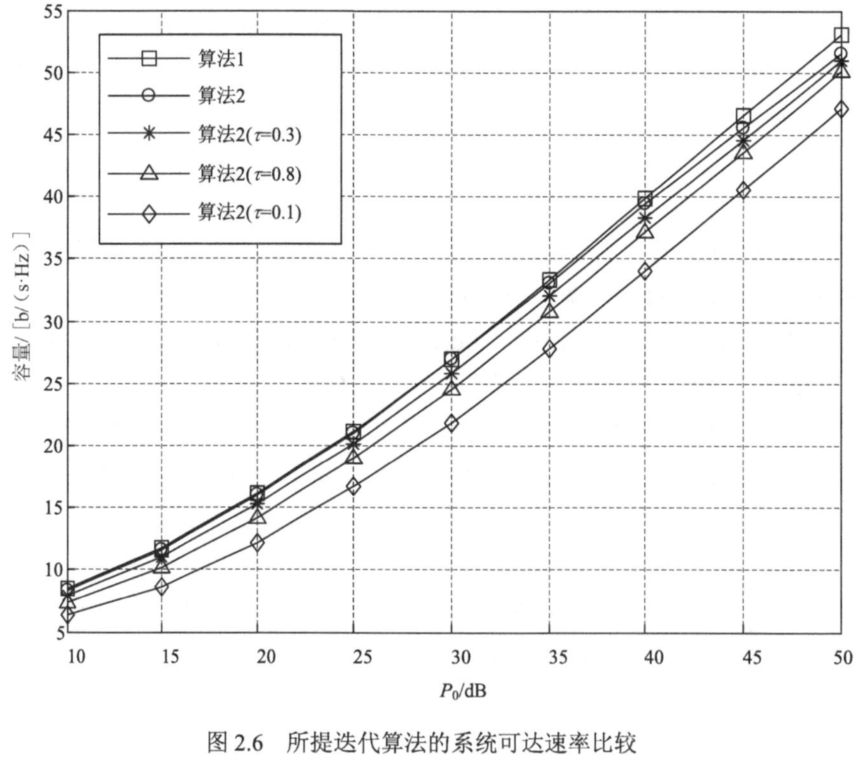

图 2.6 所提迭代算法的系统可达速率比较

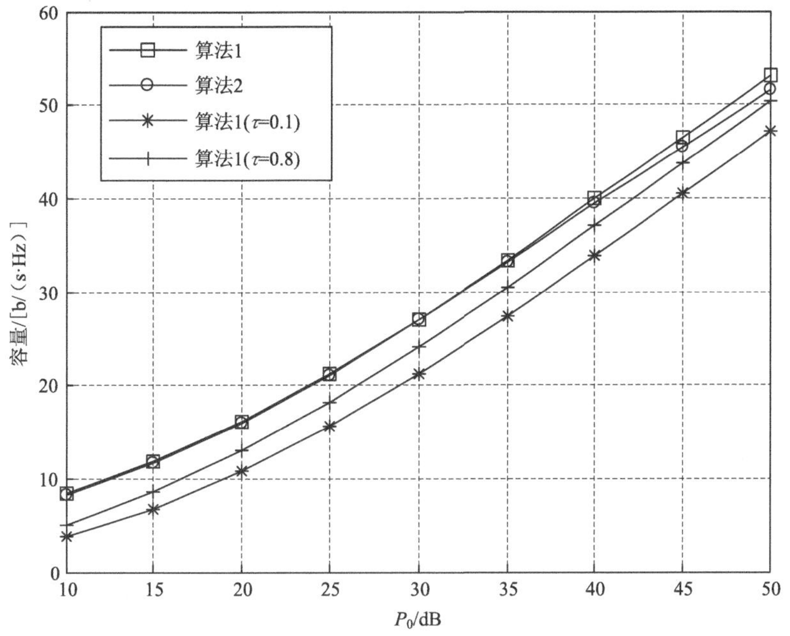

图 2.7　所提迭代算法与现有功率分配方案的比较

关于迭代算法的收敛速度测试，图 2.8 给出了具体的数值仿真结果。由图 2.8 可见，两个迭代算法的收敛速度都是很快的。

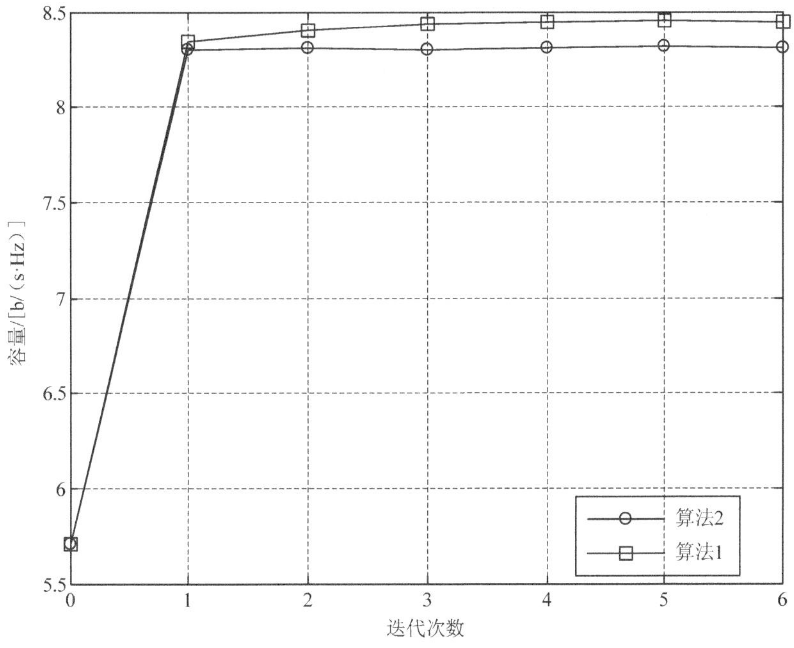

（a）P_0=10dB，$\tau\in(0,1)$

图 2.8　在 P_0=10dB 时算法 1 和算法 2 的收敛速度比较

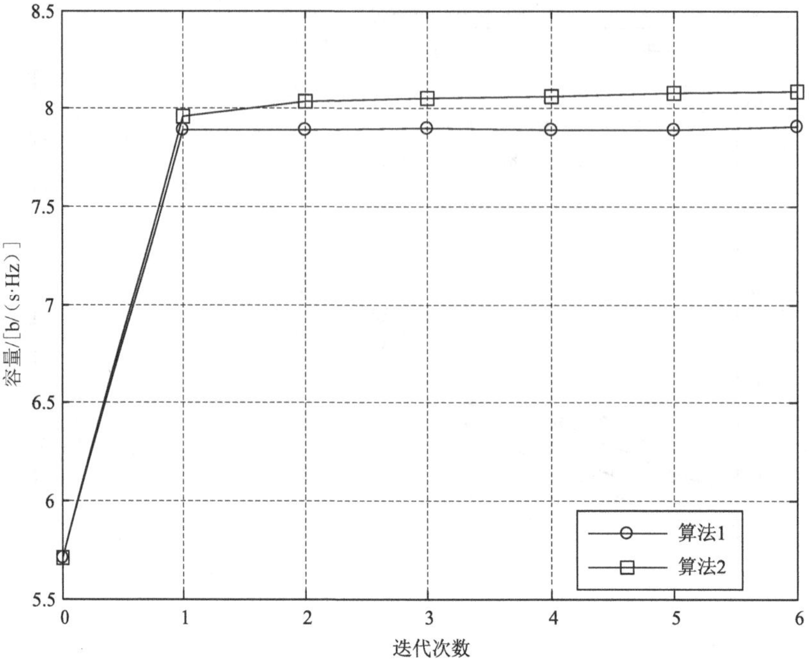

（b）P_0=10dB，$\tau\in[0.1,0.3]$

图 2.8（续）

图 2.9 和图 2.10 给出了所提功率分配方案的 MSE 性能和现有的功率分配方案[24]性能比较。图 2.9 给出了当 $\rho_2=10\text{dB}$ 时 MSE 性能随着 ρ_1 的变化趋势，图 2.10 给出了当 $\rho_1=10\text{dB}$ 时 MSE 性能随着 ρ_2 的变化趋势。显然，新提出的功率分配算法 JPA-E 在 MSE 性能方面超越了现有方案。由图 2.9 可见，现有方案的通信可靠性在 ρ_1 大于 ρ_2（$\rho_2=10\text{dB}$）时很糟糕，即误符号率会随着 ρ_1 的增加而增大。这意味着现有方案由于仅追求系统的可达速率而不适合用于追求通信可靠性的 MIMO 中继系统。这是因为现有方案的功率分配的代价函数如下：

$$\begin{aligned}&\min_{x}\quad J_0=-\sum_{i=1}^{L}\log_2\left(\frac{1+\beta_k x_k}{1+\rho_1\alpha_k+\beta_k x_k}\right)\\&\text{s.t.}\quad \sum_{i=1}^{L}x_k-\rho_2 L\leqslant 0,\ -x_k\leqslant 0\end{aligned}\tag{2-73}$$

很明显，式（2-73）是最大化求和中的每一项对数。然而，当 ρ_1 很大时，这个最大化的过程可能无法有效进行。图 2.10 中的曲线在 $\rho_2<\rho_1=10\text{dB}$ 时也表现出相同的现象。

图 2.11 给出了所提功率分配方案在不同 τ 情况下的系统 MSE 曲线，此时系统总功率约束 $P_0=40\text{dB}$。很明显，曲线关于 $\tau=0.5$ 是对称的，这是因为信源的天线数目和中继的天线数目相同，并且两跳信道的噪声服从相同的分布。通过 Monte Carlo 仿真试验至少 5000 次可以看出，在统计意义上，当 $\tau=0.5$ 时系统达到最好的 MSE 性能，即此时

通信最可靠。

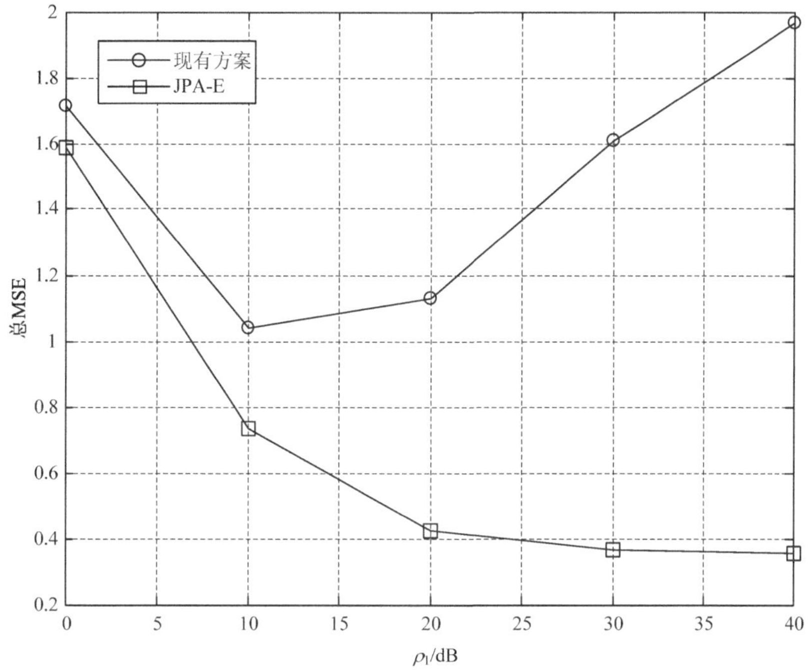

图 2.9　固定 ρ_2=10dB 时不同 ρ_1 情况下所提方案和现有方案的 MSE 性能比较

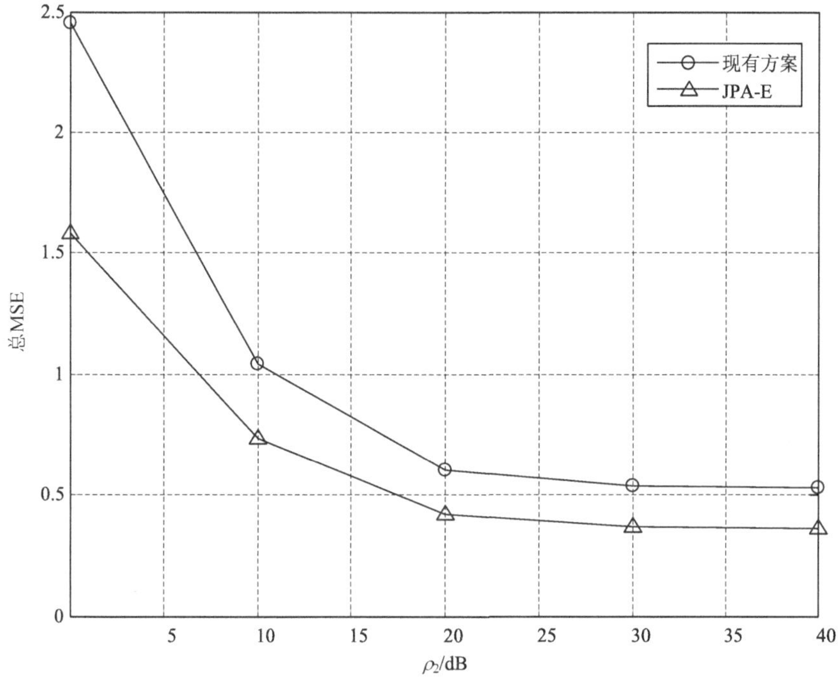

图 2.10　固定 ρ_1=10dB 时不同 ρ_2 情况下所提方案和现有方案的 MSE 性能比较

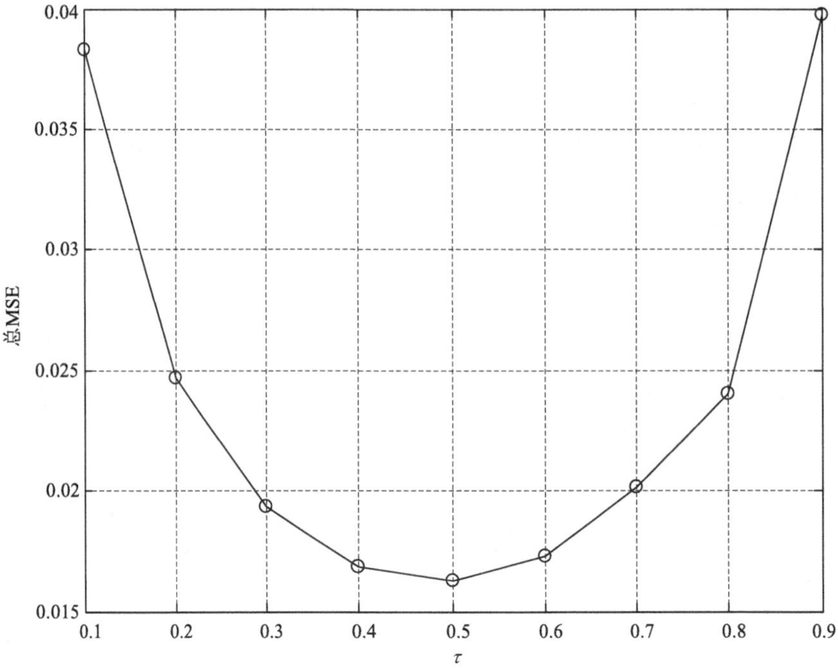

图 2.11　P_0=40dB 时 τ 固定在不同数值时的系统 MSE 曲线

下面通过计算机仿真测试所提迭代算法的系统可达速率性能和均方误差性能。由图 2.12～图 2.14 可见，算法 2.3 获得了最优的 MSE 曲线，同时收敛速度很快；所提算法 2.4 在明显降低计算复杂度的同时，获得接近最优的 MSE 性能。

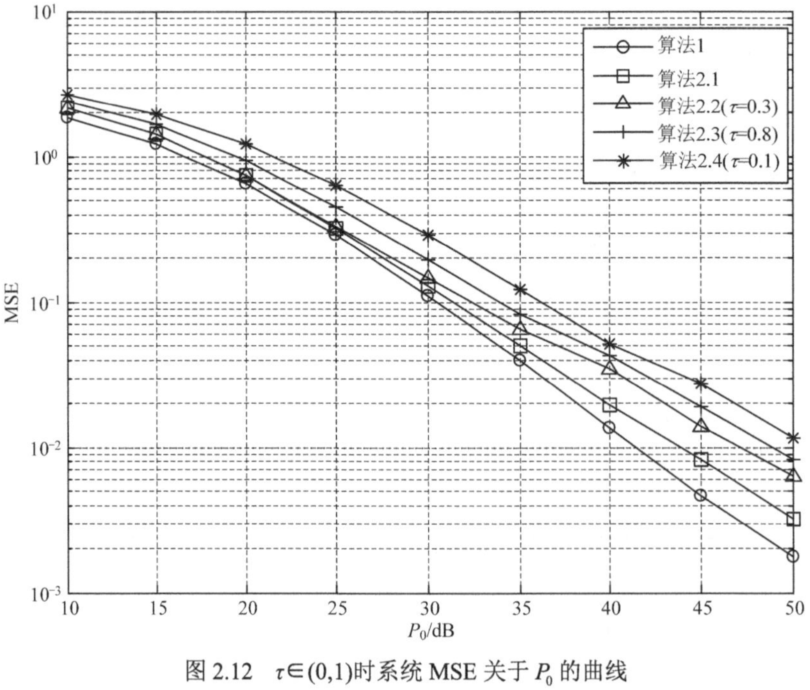

图 2.12　$\tau\in(0,1)$时系统 MSE 关于 P_0 的曲线

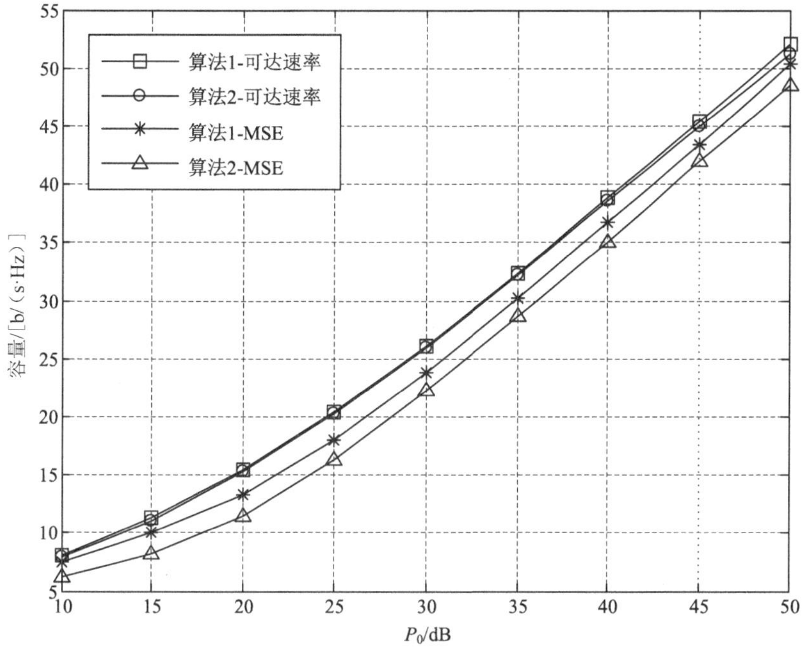

图 2.13　$\tau\in[0.1, 0.3]$所提算法的系统可达速率性能比较

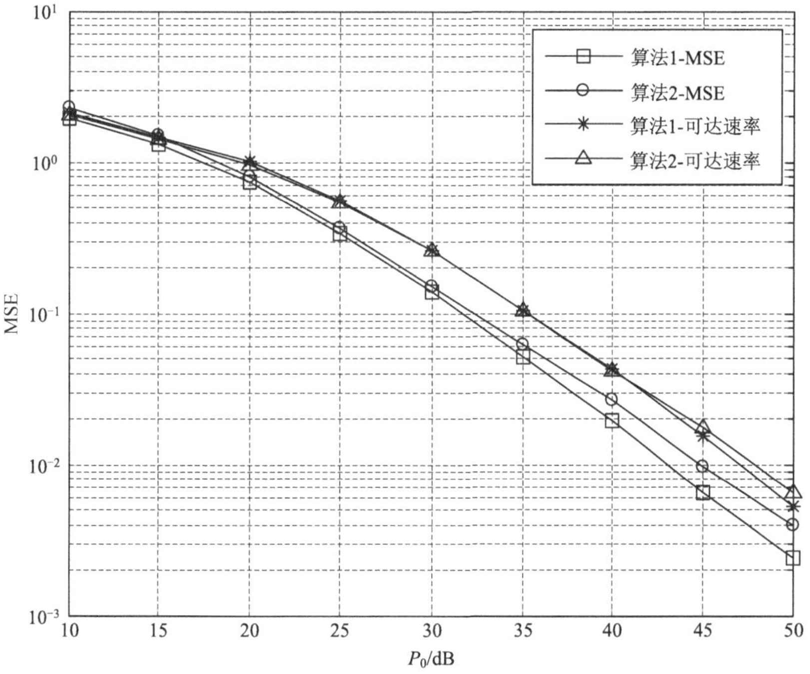

图 2.14　$\tau\in[0.1, 0.3]$所提算法的 MSE 性能比较

本 章 小 结

本章研究了中继增强型 MIMO 通信系统的联合功率分配问题。基于系统可达速率最大化准则建立了一个联合功率分配优化问题，由于原始代价函数是非凸函数，因此本章修正了该代价函数，进而获得凸的优化问题。本章所提方案的主要创新在于不但提出了联合功率分配问题，而且通过推导系统可达速率函数的上下界，把非凸问题转换为凸优化问题，从而能够使用凸优化方法获得联合功率分配系数。仿真结果表明新提出的方案具有更好的性能。

解决非凸问题的另一个办法是利用代价函数的局部凸性，对自变量进行分组，然后分层迭代优化参数。因此，本章对代价函数的凹凸性进行了严格的证明，得到代价函数的部分凸性，利用该特性设计一个迭代算法，进而得到原始非凸问题的最优解。更进一步，为了加快所提迭代算法的收敛速度，本章对原始代价函数通过不等式放大法进行修正，修正后的代价函数具有更好的凸性。基于这个更好的凸性设计另一个迭代算法，相比前一个算法可明显加快迭代的收敛速度。计算机仿真表明所提迭代算法具有最优的可达速率性能；简化的算法性能基本接近最优值，并且明显加快迭代的收敛速度。

本章还研究了中继增强型 MIMO 通信系统中的联合功率分配问题。通过使用系统均方误差函数最小化准则建立了一个联合功率分配的优化问题，并得到相应的代价函数，证明了该代价函数关于全局参数是非凸函数，进而推导了 MSE 上界，通过利用该上界得到功率分配的联合凸优化问题，从而使用高效的凸优化方法获得了全局最优的功率分配系数。本章所提方案的主要创新在于找到了系统 MSE 的一个边界，该边界把联合功率分配这个复杂问题简化成一个联合凸优化问题。其最明显的特点是对于任意给定信源与中继之间的功率比例，新方案都能得到全局最优的功率分配系数。

考虑到系统设计时的参数优化问题，本章基于系统均方误差最小化准则，充分利用所有的功率分配自由度，基于代价函数的部分凸性迭代求解功率分配系数，最终获得了最优的联合功率分配方案。为了加快迭代的收敛速度，本章通过不等式放大法对系统均方误差函数进行修正，修正后的代价函数具有更好的凸性，利用这些更好的凸性可以简化上述迭代算法。计算机仿真表明，所提算法在系统可达速率性能、均方误差性能和收敛速度等方面都是有效的。

第3章 多分布式中继协作增强型智能物联联合波束成形

3.1 研究背景及内容安排

第 2 章研究了只有一个中继辅助完成通信的 MIMO 系统，并没有考虑多个中继共同辅助通信的情况。多个中继协作通信涉及分布式中继的协作或协同，近年来兴起的协作通信能够显著提高通信的有效性和可靠性[4-5]。在多中继协作通信系统中，当所有节点都配备单根天线时，联合功率分配技术或分布式波束成形技术能够有效提高通信性能[42]。文献[42]～[50]为获得协作分集度，提出了基于系统误符号率最小化的功率分配方案，文献[51]针对该系统模型分析了特定波束成形下的中断概率函数上界，文献[52]把该系统模型推广到多用户的通信情形。上述文献都是针对多个单天线的中继系统进行的分布式波束成形设计。文献[53]～[55]把该系统模型推广到多天线的分布式中继系统。然而，这些研究都是针对单天线信源的系统进行的波束成形设计，并没有考虑信源配备多根天线时的波束成形问题。

文献[56]～[58]研究了一个多天线信源在一个单天线中继辅助下进行通信的波束成形问题，并且推导出了系统符号错误概率函数的解析表达式，然而没有研究多个中继协作转发的情况。本章将研究一个多天线信源在多个中继共同辅助下进行通信的联合波束成形问题。在实际通信系统中，发送信号和信道都是复数，这使得多中继协作方案的联合优化不但包括联合功率分配，而且包括联合相位旋转，即联合波束成形。

发射波束成形技术是 MIMO 系统中非常引人注目的技术之一[59]，其基本原理是发射端通过利用信道状态信息对发射信号进行预处理，使得等效的信道增益最大化，从而实现 MIMO 系统的发射分集增益。当系统的信源和信宿都配备多根天线，并且使用多个分布式中继协作通信时，系统的协作方案设计不能只局限在中继的层次上，而应该在包括多天线信源、多个分布式中继和多天线信宿在内的整个系统层面上。本章将深入研究多天线信源的发射波束成形、分布式中继的波束成形以及系统联合波束成形问题。

本章内容安排如下。3.2 节首先给出联合波束成形的系统模型，并给出接收端的信噪比；然后推导出接收端 SNR 的下界，利用该下界得到一个代价函数，构建相应的数学模型，该数学模型用于联合优化整个网络的波束成形。3.3 节推导出多中继的分布式波束成形的最优解。3.4 节设计了一个迭代算法，该算法用来优化多天线信源的波束成形。3.5 节基于 3.3 节和 3.4 节的优化结果设计了一个全局迭代算法，该算法用来联合优化多天线信源的波束成形和协作式中继的分布式波束成形。3.6 节给出仿真结果与分析。最后是本章的结论。

3.2 系统模型

本章考虑一个多中继增强型 MIMO 通信系统，如图 3.1 所示，它包括一个配备 M 根天线的信源、K 个单天线的放大转发型中继和一个配备 N 根天线的信宿。在第一个时隙内，信源把经发射天线波束成形后的数据流广播给所有中继；在第二个时隙内，多个中继分布式地协作处理各自的接收信号，并转发给信宿，其中任意两个中继之间都不能交换各自的接收信号。由于路径损耗及严重的阴影效应等影响，信源与信宿之间的通信只有通过中继辅助才能完成。

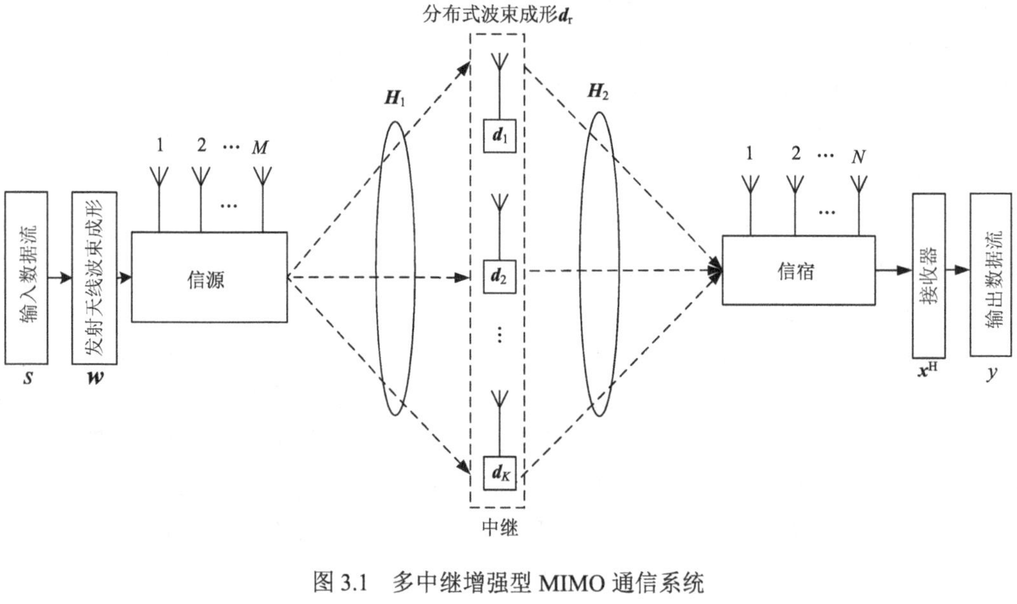

图 3.1 多中继增强型 MIMO 通信系统

在第一个时隙内，每个中继各自的接收信号组成的列向量为

$$\boldsymbol{y}_1 = \boldsymbol{H}_1\boldsymbol{d}_1 x + \boldsymbol{n}_1$$

式中，$x \in \mathbb{C}^{1\times1}$ 为信源的发送信号；$\boldsymbol{d}_1 \in \mathbb{C}^{M\times1}$ 为信源的发射天线波束成形；$\boldsymbol{H}_1 \in \mathbb{C}^{K\times M}$ 为第一跳的信道响应；$\boldsymbol{n}_1 \in \mathbb{C}^{K\times1}$ 为第一跳信道的 AWGN 且服从分布 $\boldsymbol{n}_1 \sim \mathrm{CN}\left(0, \sigma_1^2 \boldsymbol{I}_L\right)$。

每个中继要转发的信号组成的列向量为

$$\boldsymbol{y}_2=\boldsymbol{D}_{\mathrm{r}}\boldsymbol{y}_1=\boldsymbol{D}_{\mathrm{r}}\left(\boldsymbol{H}_1\boldsymbol{d}_1 x+\boldsymbol{n}_1\right)$$

式中，$\boldsymbol{D}_{\mathrm{r}}=\operatorname{diag}\{\boldsymbol{d}_{\mathrm{r}}\}$，$\boldsymbol{d}_{\mathrm{r}}$ 为多个中继的分布式波束成形向量。

由于中继之间不能交换各自的接收信号且每个中继都配备单天线，因此转发矩阵 $\boldsymbol{D}_{\mathrm{r}}$ 必须是对角矩阵。考虑到第二跳的信道噪声和信宿的接收合并，信宿的输出信号为

$$y=\boldsymbol{z}^{\mathrm{H}}\left(\boldsymbol{H}_2\boldsymbol{y}_2+\boldsymbol{n}_2\right)=\underbrace{\boldsymbol{z}^{\mathrm{H}}\boldsymbol{H}_2\boldsymbol{D}_{\mathrm{r}}\boldsymbol{H}_1\boldsymbol{d}_1}_{H_{\mathrm{e}}}x+\underbrace{\boldsymbol{z}^{\mathrm{H}}\boldsymbol{H}_2\boldsymbol{D}_{\mathrm{r}}\boldsymbol{n}_1+\boldsymbol{z}^{\mathrm{H}}\boldsymbol{n}_2}_{\text{noise}} \tag{3-1}$$

式中，x 为能量归一化的发射符号；列向量 $\boldsymbol{z}$ 为信宿的接收合并；$\boldsymbol{H}_2\in\mathbb{C}^{N\times K}$ 为第二跳的信道响应；$\boldsymbol{n}_2\in\mathbb{C}^{N\times 1}$ 为第二跳信道的 AWGN，且服从分布 $\boldsymbol{n}_2\sim\mathrm{CN}\left(0,\sigma_2^2\boldsymbol{I}_N\right)$。

式（3-1）右侧的第一项是输出的有用信号，H_{e} 为系统的等效信道；式（3-1）右侧的第二项是两跳信道的所有噪声。针对式（3-1），信宿的 SNR 为

$$\mathrm{SNR}=\frac{\left|\boldsymbol{z}^{\mathrm{H}}\boldsymbol{H}_2\boldsymbol{D}_{\mathrm{r}}\boldsymbol{H}_1\boldsymbol{d}_1\right|^2}{\left|\boldsymbol{z}^{\mathrm{H}}\boldsymbol{H}_2\boldsymbol{D}_{\mathrm{r}}\boldsymbol{n}_1+\boldsymbol{z}^{\mathrm{H}}\boldsymbol{n}_2\right|^2} \tag{3-2}$$

信宿采用最大比合并（maximum ratio combiner，MRC）接收，接收向量 $\boldsymbol{z}\in\mathbb{C}^{N\times 1}$ 可以表示为

$$\boldsymbol{z}=\frac{\boldsymbol{H}_2\boldsymbol{D}_{\mathrm{r}}\boldsymbol{H}_1\boldsymbol{d}_1}{\left\|\boldsymbol{H}_2\boldsymbol{D}_{\mathrm{r}}\boldsymbol{H}_1\boldsymbol{d}_1\right\|_{\mathrm{F}}} \tag{3-3}$$

由于两跳信道的噪声 $\boldsymbol{n}_1$ 和 $\boldsymbol{n}_2$ 相互独立，式（3-1）中的所有噪声功率为

$$\left|\frac{\left(\boldsymbol{H}_2\boldsymbol{D}_{\mathrm{r}}\boldsymbol{H}_1\boldsymbol{d}_1\right)^{\mathrm{H}}}{\left\|\boldsymbol{H}_2\boldsymbol{D}_{\mathrm{r}}\boldsymbol{H}_1\boldsymbol{d}_1\right\|_{\mathrm{F}}}\boldsymbol{H}_2\boldsymbol{D}_{\mathrm{r}}\boldsymbol{n}_1+\frac{\left(\boldsymbol{H}_2\boldsymbol{D}_{\mathrm{r}}\boldsymbol{H}_1\boldsymbol{d}_1\right)^{\mathrm{H}}}{\left\|\boldsymbol{H}_2\boldsymbol{D}_{\mathrm{r}}\boldsymbol{H}_1\boldsymbol{d}_1\right\|_{\mathrm{F}}}\boldsymbol{n}_2\right|^2=\left|\frac{\left(\boldsymbol{H}_2\boldsymbol{D}_{\mathrm{r}}\boldsymbol{H}_1\boldsymbol{d}_1\right)^{\mathrm{H}}}{\left\|\boldsymbol{H}_2\boldsymbol{D}_{\mathrm{r}}\boldsymbol{H}_1\boldsymbol{d}_1\right\|_{\mathrm{F}}}\boldsymbol{H}_2\boldsymbol{D}_{\mathrm{r}}\boldsymbol{n}_1\right|^2+\sigma_2^2 \tag{3-4}$$

利用式（3-1）～式（3-4），信宿的接收信噪比可表示为

$$\mathrm{SNR}=\frac{\left|\dfrac{\left(\boldsymbol{H}_2\boldsymbol{D}_{\mathrm{r}}\boldsymbol{H}_1\boldsymbol{d}_1\right)^{\mathrm{H}}}{\left\|\boldsymbol{H}_2\boldsymbol{D}_{\mathrm{r}}\boldsymbol{H}_1\boldsymbol{d}_1\right\|_{\mathrm{F}}}\boldsymbol{H}_2\boldsymbol{D}_{\mathrm{r}}\boldsymbol{H}_1\boldsymbol{d}_1\right|^2}{\left|\dfrac{\left(\boldsymbol{H}_2\boldsymbol{D}_{\mathrm{r}}\boldsymbol{H}_1\boldsymbol{d}_1\right)^{\mathrm{H}}}{\left\|\boldsymbol{H}_2\boldsymbol{D}_{\mathrm{r}}\boldsymbol{H}_1\boldsymbol{d}_1\right\|_{\mathrm{F}}}\boldsymbol{H}_2\boldsymbol{D}_{\mathrm{r}}\boldsymbol{n}_1\right|^2+\sigma_2^2}=\frac{\boldsymbol{d}_1^{\mathrm{H}}\boldsymbol{H}_1^{\mathrm{H}}\boldsymbol{D}_{\mathrm{r}}^{\mathrm{H}}\boldsymbol{H}_2^{\mathrm{H}}\boldsymbol{H}_2\boldsymbol{D}_{\mathrm{r}}\boldsymbol{H}_1\boldsymbol{d}_1}{\left|\dfrac{\left(\boldsymbol{H}_2\boldsymbol{D}_{\mathrm{r}}\boldsymbol{H}_1\boldsymbol{d}_1\right)^{\mathrm{H}}}{\left\|\boldsymbol{H}_2\boldsymbol{D}_{\mathrm{r}}\boldsymbol{H}_1\boldsymbol{d}_1\right\|_{\mathrm{F}}}\boldsymbol{H}_2\boldsymbol{D}_{\mathrm{r}}\boldsymbol{n}_1\right|^2+\sigma_2^2} \tag{3-5}$$

由于式（3-5）能够表征系统的信道可达速率或错误概率的性能，因此本章的任务是通过联合优化信源的发射波束成形 $\boldsymbol{d}_1$ 和多中继的中继分布式波束成形 $\boldsymbol{D}_{\mathrm{r}}$ 来最大化式（3-5）。然而，如果使用精确的 SNR 表达式作为代价函数会导致优化问题十分复杂，下面将利用不等式放大法得到 SNR 的下界。

利用式（3-5）中分母和柯西-施瓦茨（Cauchy-Schwarz）不等式，所有噪声功率可

表示为

$$\begin{aligned}\left|\frac{(\boldsymbol{H}_2\boldsymbol{D}_{\mathrm{r}}\boldsymbol{H}_1\boldsymbol{d}_1)^{\mathrm{H}}}{\|\boldsymbol{H}_2\boldsymbol{D}_{\mathrm{r}}\boldsymbol{H}_1\boldsymbol{d}_1\|_{\mathrm{F}}}\boldsymbol{H}_2\boldsymbol{D}_{\mathrm{r}}\boldsymbol{n}_1\right|^2+\sigma_2^2 &\leqslant \left\|\frac{(\boldsymbol{H}_2\boldsymbol{D}_{\mathrm{r}}\boldsymbol{H}_1\boldsymbol{d}_1)^{\mathrm{H}}}{\|\boldsymbol{H}_2\boldsymbol{D}_{\mathrm{r}}\boldsymbol{H}_1\boldsymbol{d}_1\|_{\mathrm{F}}}\right\|_2^2\|\boldsymbol{H}_2\boldsymbol{D}_{\mathrm{r}}\boldsymbol{n}_1\|_2^2+\sigma_2^2\\ &=\|\boldsymbol{H}_2\boldsymbol{D}_{\mathrm{r}}\boldsymbol{n}_1\|_2^2+\sigma_2^2\\ &=\boldsymbol{n}_1^{\mathrm{H}}\boldsymbol{D}_{\mathrm{r}}^{\mathrm{H}}\boldsymbol{H}_2^{\mathrm{H}}\boldsymbol{H}_2\boldsymbol{D}_{\mathrm{r}}\boldsymbol{n}_1+\sigma_2^2\end{aligned} \tag{3-6}$$

利用式（3-6）可得式（3-5）中准确 SNR 的下界，即

$$\mathrm{SNR}\geqslant\frac{\boldsymbol{d}_1^{\mathrm{H}}\boldsymbol{H}_1^{\mathrm{H}}\boldsymbol{D}_{\mathrm{r}}^{\mathrm{H}}\boldsymbol{H}_2^{\mathrm{H}}\boldsymbol{H}_2\boldsymbol{D}_{\mathrm{r}}\boldsymbol{H}_1\boldsymbol{d}_1}{\boldsymbol{n}_1^{\mathrm{H}}\boldsymbol{D}_{\mathrm{r}}^{\mathrm{H}}\boldsymbol{H}_2^{\mathrm{H}}\boldsymbol{H}_2\boldsymbol{D}_{\mathrm{r}}\boldsymbol{n}_1+\sigma_2^2}=\mathrm{SNR}_{\mathrm{lb}} \tag{3-7}$$

本章使用式（3-7）中的 $\mathrm{SNR}_{\mathrm{lb}}$ 作为要优化的代价函数，同时满足如下两个约束条件：

$$\boldsymbol{d}_1^{\mathrm{H}}\boldsymbol{d}_1\leqslant P_1 \tag{3-8}$$

$$\mathrm{tr}\left\{\boldsymbol{D}_{\mathrm{r}}\left(\boldsymbol{H}_1\boldsymbol{d}_1\boldsymbol{d}_1^{\mathrm{H}}\boldsymbol{H}_1^{\mathrm{H}}+\sigma_1^2\boldsymbol{I}_K\right)\boldsymbol{D}_{\mathrm{r}}^{\mathrm{H}}\right\}\leqslant P_2 \tag{3-9}$$

式中，P_1 和 P_2 分别为信源和所有中继的功率约束。

利用式（3-7）～式（3-9），得到基于接收信噪比最大化的联合波束成形问题的数学模型：

$$\begin{aligned}&\max_{\boldsymbol{d}_1,\boldsymbol{D}_{\mathrm{r}}}\ \frac{\boldsymbol{d}_1^{\mathrm{H}}\boldsymbol{H}_1^{\mathrm{H}}\boldsymbol{D}_{\mathrm{r}}^{\mathrm{H}}\boldsymbol{H}_2^{\mathrm{H}}\boldsymbol{H}_2\boldsymbol{D}_{\mathrm{r}}\boldsymbol{H}_1\boldsymbol{d}_1}{\boldsymbol{n}_1^{\mathrm{H}}\boldsymbol{D}_{\mathrm{r}}^{\mathrm{H}}\boldsymbol{H}_2^{\mathrm{H}}\boldsymbol{H}_2\boldsymbol{D}_{\mathrm{r}}\boldsymbol{n}_1+\sigma_2^2}\\ &\text{s.t.}\ \ \boldsymbol{d}_1^{\mathrm{H}}\boldsymbol{d}_1\leqslant P_1\\ &\mathrm{tr}\left\{\boldsymbol{D}_{\mathrm{r}}\left(\boldsymbol{H}_1\boldsymbol{d}_1\boldsymbol{d}_1^{\mathrm{H}}\boldsymbol{H}_1^{\mathrm{H}}+\sigma_1^2\boldsymbol{I}_K\right)\boldsymbol{D}_{\mathrm{r}}^{\mathrm{H}}\right\}\leqslant P_2\end{aligned} \tag{3-10}$$

由式（3-10）可见，本章要解决的数学问题是两个不等式约束下的最大化问题。要解决该问题仍然很困难，下面将给出具体解决方案。

3.3 协作式中继的分布式波束成形设计

当多天线信源的波束成形给定时，即 $\boldsymbol{d}_1$ 已确定，式（3-10）变为

$$\begin{aligned}&\max_{\boldsymbol{D}_{\mathrm{r}}}\ \frac{\boldsymbol{d}_1^{\mathrm{H}}\boldsymbol{H}_1^{\mathrm{H}}\boldsymbol{D}_{\mathrm{r}}^{\mathrm{H}}\boldsymbol{H}_2^{\mathrm{H}}\boldsymbol{H}_2\boldsymbol{D}_{\mathrm{r}}\boldsymbol{H}_1\boldsymbol{d}_1}{\boldsymbol{n}_1^{\mathrm{H}}\boldsymbol{D}_{\mathrm{r}}^{\mathrm{H}}\boldsymbol{H}_2^{\mathrm{H}}\boldsymbol{H}_2\boldsymbol{D}_{\mathrm{r}}\boldsymbol{n}_1+\sigma_2^2}\\ &\text{s.t.}\ \ \mathrm{tr}\left\{\boldsymbol{D}_{\mathrm{r}}\left(\boldsymbol{H}_1\boldsymbol{d}_1\boldsymbol{d}_1^{\mathrm{H}}\boldsymbol{H}_1^{\mathrm{H}}+\sigma_1^2\boldsymbol{I}_K\right)\boldsymbol{D}_{\mathrm{r}}^{\mathrm{H}}\right\}\leqslant P_2\end{aligned} \tag{3-11}$$

由式（3-11）可见，分母中第一项和分子中都含有 $\boldsymbol{D}_{\mathrm{r}}$，而分母中第二项是常数 σ_2^2。为了使分母中每一项都含有 $\boldsymbol{D}_{\mathrm{r}}$，需要使用 $\boldsymbol{D}_{\mathrm{r}}$ 表示常数 σ_2^2。

由于式（3-11）中的代价函数关于 $\boldsymbol{D}_{\mathrm{r}}$ 的二阶导数是半正定的，即该代价函数关于 $\boldsymbol{D}_{\mathrm{r}}$

是凸函数，因此凸的代价函数的最大值一定位于其约束的边界上[25]。为了修正式（3-11）中的代价函数，首先给出如下定理。

定理 3.1　不等式约束下的凸的最大化问题等价于相应等式约束下的凸的最大化问题，即式（3-11）的代价函数最大值一定位于其约束条件的边界处。

根据定理 3.1，式（3-11）中的问题等价为

$$\begin{aligned}&\max_{\boldsymbol{D}_\mathrm{r}}\ \frac{\boldsymbol{d}_1^\mathrm{H}\boldsymbol{H}_1^\mathrm{H}\boldsymbol{D}_\mathrm{r}^\mathrm{H}\boldsymbol{H}_2^\mathrm{H}\boldsymbol{H}_2\boldsymbol{D}_\mathrm{r}\boldsymbol{H}_1\boldsymbol{d}_1}{\boldsymbol{n}_1^\mathrm{H}\boldsymbol{D}_\mathrm{r}^\mathrm{H}\boldsymbol{H}_2^\mathrm{H}\boldsymbol{H}_2\boldsymbol{D}_\mathrm{r}\boldsymbol{n}_1+\sigma_2^2}\\&\text{s.t.}\ \ \mathrm{tr}\left\{\boldsymbol{D}_\mathrm{r}\left(\boldsymbol{H}_1\boldsymbol{d}_1\boldsymbol{d}_1^\mathrm{H}\boldsymbol{H}_1^\mathrm{H}+\sigma_1^2\boldsymbol{I}_K\right)\boldsymbol{D}_\mathrm{r}^\mathrm{H}\right\}=P_2\end{aligned}\tag{3-12}$$

并得到代价函数的分母中第二项 σ_2^2 的表达式为

$$\sigma_2^2=\frac{\sigma_1^2}{P_2}\mathrm{tr}\left\{\boldsymbol{D}_\mathrm{r}\left(\boldsymbol{H}_1\boldsymbol{d}_1\boldsymbol{d}_1^\mathrm{H}\boldsymbol{H}_1^\mathrm{H}+\sigma_1^2\boldsymbol{I}_K\right)\boldsymbol{D}_\mathrm{r}^\mathrm{H}\right\}\tag{3-13}$$

利用定理 3.1 和式（3-13），式（3-11）中的问题可重新表示为

$$\begin{aligned}&\max_{\boldsymbol{D}_\mathrm{r}}\ \frac{\boldsymbol{d}_1^\mathrm{H}\boldsymbol{H}_1^\mathrm{H}\boldsymbol{D}_\mathrm{r}^\mathrm{H}\boldsymbol{H}_2^\mathrm{H}\boldsymbol{H}_2\boldsymbol{D}_\mathrm{r}\boldsymbol{H}_1\boldsymbol{d}_1}{\boldsymbol{n}_1^\mathrm{H}\boldsymbol{D}_\mathrm{r}^\mathrm{H}\boldsymbol{H}_2^\mathrm{H}\boldsymbol{H}_2\boldsymbol{D}_\mathrm{r}\boldsymbol{n}_1+\frac{\sigma_1^2}{P_2}\mathrm{tr}\left\{\boldsymbol{D}_\mathrm{r}\left(\boldsymbol{H}_1\boldsymbol{d}_1\boldsymbol{d}_1^\mathrm{H}\boldsymbol{H}_1^\mathrm{H}+\sigma_1^2\boldsymbol{I}_K\right)\boldsymbol{D}_\mathrm{r}^\mathrm{H}\right\}}\\&\text{s.t.}\ \ \mathrm{tr}\left\{\boldsymbol{D}_\mathrm{r}\left(\boldsymbol{H}_1\boldsymbol{d}_1\boldsymbol{d}_1^\mathrm{H}\boldsymbol{H}_1^\mathrm{H}+\sigma_1^2\boldsymbol{I}_K\right)\boldsymbol{D}_\mathrm{r}^\mathrm{H}\right\}=P_2\end{aligned}\tag{3-14}$$

针对式（3-14），定理 3.2 将给出 $\boldsymbol{D}_\mathrm{r}$ 的最优解。

定理 3.2　多中继协作转发的分布式波束成形的最优解 $\boldsymbol{D}_\mathrm{r}=\mathrm{diag}\{\boldsymbol{d}_\mathrm{r}\}$ 为

$$\boldsymbol{d}_\mathrm{r}=\xi\overrightarrow{\boldsymbol{d}_\mathrm{r}}\tag{3-15}$$

式中，

$$\overrightarrow{\boldsymbol{d}_\mathrm{r}}=\left(\boldsymbol{L}^{-1}\right)^\mathrm{H}\mathrm{v}_{\max}\left\{\boldsymbol{L}^{-1}\mathrm{diag}\{\boldsymbol{H}_1\boldsymbol{d}_1\}^\mathrm{H}\boldsymbol{H}_2^\mathrm{H}\boldsymbol{H}_2\mathrm{diag}\{\boldsymbol{H}_1\boldsymbol{d}_1\}\left(\boldsymbol{L}^{-1}\right)^\mathrm{H}\right\}\tag{3-16}$$

$$\xi=\sqrt{\frac{P_2}{\overrightarrow{\boldsymbol{d}_\mathrm{r}}^\mathrm{H}\mathrm{diag}\left\{\boldsymbol{H}_1\boldsymbol{d}_1\boldsymbol{d}_1^\mathrm{H}\boldsymbol{H}_1^\mathrm{H}+\sigma_1^2\boldsymbol{I}_K\right\}\overrightarrow{\boldsymbol{d}_\mathrm{r}}}}\tag{3-17}$$

$$\boldsymbol{Q}=\sigma_1^2\mathrm{diag}\left\{\boldsymbol{H}_2^\mathrm{H}\boldsymbol{H}_2\right\}+\frac{\sigma_1^2}{P_2}\mathrm{diag}\left\{\boldsymbol{H}_1\boldsymbol{d}_1\boldsymbol{d}_1^\mathrm{H}\boldsymbol{H}_1^\mathrm{H}+\sigma_1^2\boldsymbol{I}_K\right\}=\boldsymbol{L}\boldsymbol{L}^\mathrm{H}\tag{3-18}$$

其中，式（3-18）是 Cholesky 分解。

证明　为简化表述，定义如下参量：

$\boldsymbol{d}_\mathrm{r}=(d_1;\ d_2;\ \cdots\ ;d_K)$

$\boldsymbol{D}_\mathrm{r}=\mathrm{diag}\{\boldsymbol{d}_\mathrm{r}\}$

$\boldsymbol{H}_1\boldsymbol{d}_1=(a_1;\ a_2;\ \cdots\ ;a_K)$

$\boldsymbol{H}_2=(\boldsymbol{h}_1\ \boldsymbol{h}_2\cdots\boldsymbol{h}_K)$

$\boldsymbol{n}_1=(n_{11};\cdots;n_{1K})$

式（3-14）的分子是信号功率，其表达式为

$$\begin{aligned}&\boldsymbol{d}_1^{\mathrm{H}}\boldsymbol{H}_1^{\mathrm{H}}\boldsymbol{D}_{\mathrm{r}}^{\mathrm{H}}\boldsymbol{H}_2^{\mathrm{H}}\boldsymbol{H}_2\boldsymbol{D}_{\mathrm{r}}\boldsymbol{H}_1\boldsymbol{d}_1\\&=(a_1d_1\boldsymbol{h}_1+a_2d_2\boldsymbol{h}_2+\cdots+a_Kd_K\boldsymbol{h}_K)^{\mathrm{H}}(a_1d_1\boldsymbol{h}_1+a_2d_2\boldsymbol{h}_2+\cdots+a_Kd_K\boldsymbol{h}_K)\\&=((a_1\boldsymbol{h}_1\ a_2\boldsymbol{h}_2\ \cdots\ a_K\boldsymbol{h}_K)\boldsymbol{d}_{\mathrm{r}})^{\mathrm{H}}(a_1\boldsymbol{h}_1\ a_2\boldsymbol{h}_2\ \cdots\ a_K\boldsymbol{h}_K)\boldsymbol{d}_{\mathrm{r}}\\&=\boldsymbol{d}_{\mathrm{r}}^{\mathrm{H}}\left\{(\boldsymbol{H}_2\mathrm{diag}\{\boldsymbol{H}_1\boldsymbol{d}_1\})^{\mathrm{H}}(\boldsymbol{H}_2\mathrm{diag}\{\boldsymbol{H}_1\boldsymbol{d}_1\})\right\}\boldsymbol{d}_{\mathrm{r}}\end{aligned}\tag{3-19}$$

其中，式（3-14）的分母表达式为

$$\begin{aligned}&\boldsymbol{n}_1^{\mathrm{H}}\boldsymbol{D}_{\mathrm{r}}^{\mathrm{H}}\boldsymbol{H}_2^{\mathrm{H}}\boldsymbol{H}_2\boldsymbol{D}_{\mathrm{r}}\boldsymbol{n}_1+\sigma_2^2\\&=((\boldsymbol{h}_1\ \boldsymbol{h}_2\cdots\boldsymbol{h}_K)\mathrm{diag}\{\boldsymbol{d}_{\mathrm{r}}\}\boldsymbol{n}_1)^{\mathrm{H}}(\boldsymbol{h}_1\ \boldsymbol{h}_2\cdots\boldsymbol{h}_K)\mathrm{diag}\{\boldsymbol{d}_{\mathrm{r}}\}\boldsymbol{n}_1+\sigma_2^2\end{aligned}\tag{3-20}$$

由于$\boldsymbol{n}_1$中每个分量之间都是相互独立的，因此式（3-20）可进一步写为

$$\begin{aligned}&\left(|n_{11}|^2|d_1\boldsymbol{h}_1|^2+|n_{12}|^2|d_2\boldsymbol{h}_2|^2+\cdots+|n_{1K}|^2|d_K\boldsymbol{h}_K|^2\right)+\sigma_2^2\\&=\sigma_1^2\boldsymbol{d}_{\mathrm{r}}^{\mathrm{H}}\mathrm{diag}\left\{(\boldsymbol{h}_1\ \boldsymbol{h}_2\cdots\boldsymbol{h}_K)^{\mathrm{H}}(\boldsymbol{h}_1\ \boldsymbol{h}_2\cdots\boldsymbol{h}_K)\right\}\boldsymbol{d}_{\mathrm{r}}+\sigma_2^2\\&=\sigma_1^2\boldsymbol{d}_{\mathrm{r}}^{\mathrm{H}}\mathrm{diag}\left\{\boldsymbol{H}_2^{\mathrm{H}}\boldsymbol{H}_2\right\}\boldsymbol{d}_{\mathrm{r}}+\sigma_2^2\end{aligned}\tag{3-21}$$

同时，式（3-14）中的约束条件可写为

$$\mathrm{tr}\left(\boldsymbol{D}_{\mathrm{r}}\left[\boldsymbol{H}_1\boldsymbol{d}_1(\boldsymbol{H}_1\boldsymbol{d}_1)^{\mathrm{H}}+\sigma_1^2\boldsymbol{I}_K\right]\boldsymbol{D}_{\mathrm{r}}^{\mathrm{H}}\right)=\boldsymbol{d}_{\mathrm{r}}^{\mathrm{H}}\mathrm{diag}\left\{\boldsymbol{H}_1\boldsymbol{d}_1(\boldsymbol{H}_1\boldsymbol{d}_1)^{\mathrm{H}}+\sigma_1^2\boldsymbol{I}_K\right\}\boldsymbol{d}_{\mathrm{r}}=P_2\tag{3-22}$$

利用式（3-21）和式（3-22），式（3-14）中代价函数的分母可表示为

$$\sigma_1^2\boldsymbol{d}_{\mathrm{r}}^{\mathrm{H}}\mathrm{diag}\left\{\boldsymbol{H}_2^{\mathrm{H}}\boldsymbol{H}_2\right\}\boldsymbol{d}_{\mathrm{r}}+\frac{\sigma_2^2}{P_2}\boldsymbol{d}_{\mathrm{r}}^{\mathrm{H}}\mathrm{diag}\left\{\boldsymbol{H}_1\boldsymbol{d}_1(\boldsymbol{H}_1\boldsymbol{d}_1)^{\mathrm{H}}+\sigma_1^2\boldsymbol{I}_K\right\}\boldsymbol{d}_{\mathrm{r}}\tag{3-23}$$

利用式（3-19）和式（3-23），得到式（3-14）的另一个等效的表达式为

$$\begin{aligned}&\max_{\boldsymbol{d}_{\mathrm{r}}}\ \frac{\boldsymbol{d}_{\mathrm{r}}^{\mathrm{H}}\left\{(\boldsymbol{H}_2\mathrm{diag}\{\boldsymbol{H}_1\boldsymbol{d}_1\})^{\mathrm{H}}(\boldsymbol{H}_2\mathrm{diag}\{\boldsymbol{H}_1\boldsymbol{d}_1\})\right\}\boldsymbol{d}_{\mathrm{r}}}{\boldsymbol{d}_{\mathrm{r}}^{\mathrm{H}}\left\{\sigma_1^2\mathrm{diag}\left\{\boldsymbol{H}_2^{\mathrm{H}}\boldsymbol{H}_2\right\}+\dfrac{\sigma_2^2}{P_2}\mathrm{diag}\left\{\boldsymbol{H}_1\boldsymbol{d}_1\boldsymbol{d}_1^{\mathrm{H}}\boldsymbol{H}_1^{\mathrm{H}}+\sigma_1^2\boldsymbol{I}_K\right\}\right\}\boldsymbol{d}_{\mathrm{r}}}\\&\mathrm{s.t.}\ \ \boldsymbol{d}_{\mathrm{r}}^{\mathrm{H}}\mathrm{diag}\left\{\boldsymbol{H}_1\boldsymbol{d}_1(\boldsymbol{H}_1\boldsymbol{d}_1)^{\mathrm{H}}+\sigma_1^2\boldsymbol{I}_K\right\}\boldsymbol{d}_{\mathrm{r}}=P_2\end{aligned}\tag{3-24}$$

由式（3-24）可发现，其中的代价函数是广义特征值问题，其解是对应的广义特征向量的形式。

证毕。

3.4　多天线信源的波束成形设计

当多中继的分布式波束成形 $\boldsymbol{D}_{\mathrm{r}}$ 给定时，式（3-10）中的联合波束成形的优化模型可简化为

$$\max_{\boldsymbol{d}_1} \quad \boldsymbol{d}_1^{\mathrm{H}}\boldsymbol{H}_1^{\mathrm{H}}\boldsymbol{D}_{\mathrm{r}}^{\mathrm{H}}\boldsymbol{H}_2^{\mathrm{H}}\boldsymbol{H}_2\boldsymbol{D}_{\mathrm{r}}\boldsymbol{H}_1\boldsymbol{d}_1 \tag{3-25}$$

$$\text{s.t.} \quad \boldsymbol{d}_1^{\mathrm{H}}\boldsymbol{d}_1 \leqslant P_1 \tag{3-26}$$

$$\boldsymbol{d}_1^{\mathrm{H}}\boldsymbol{H}_1^{\mathrm{H}}\boldsymbol{D}_{\mathrm{r}}^{\mathrm{H}}\boldsymbol{D}_{\mathrm{r}}\boldsymbol{H}_1\boldsymbol{d}_1 \leqslant \widetilde{P}_2 \tag{3-27}$$

式中，$\widetilde{P}_2 = P_2 - \sigma_1^2\mathrm{tr}\left\{\boldsymbol{D}_{\mathrm{r}}^{\mathrm{H}}\boldsymbol{D}_{\mathrm{r}}\right\}$。

显然代价函数关于 $\boldsymbol{d}_1$ 是凸函数，而关于 $\boldsymbol{d}_1$ 和 $\boldsymbol{D}_{\mathrm{r}}$ 是联合非凸函数，因此原问题没有闭合解，从而导致联合波束成形的优化问题变得十分复杂。

下面首先分析两个约束条件及代价函数的特性。如图 3.2 所示，式（3-26）表示由满足半径约束的所有 M 维列向量组成的子空间。当 $M=2$ 时，式（3-26）表示一个圆盘；当 $M=3$ 时，该式表示一个球体；当 $M\geqslant 4$ 时，该式表示一个超几何球体。与此同时，式(3-27)表示由满足幅度约束的所有 K 维列向量组成的有界闭集。当 $K=2$ 时，式(3-27)表示一个椭圆面；当 $K=3$ 时，该式表示一个椭球；当 $K\geqslant 4$ 时，该式表示一个超几何椭球。显然，式（3-26）和式（3-27）表示的两个集合都是凸集且都是有界闭集，而且二者的公共子集具有凸集和有界闭集的特性。因此，利用该特性和定理 3.1 可知，式（3-25）～式（3-27）的解必定落在该公共子集的边界处，即只需要在该边界处寻找多天线信源的波束成形方案。然而，由于两个约束条件的表达式相当复杂，该最优解没有闭式解（即解析解）；同时，这是凸的最大化问题而不是凸的最小化问题，因此无法直接使用现有的凸优化工具求解该问题，因而下面将推导设计一个迭代算法来求解该问题。

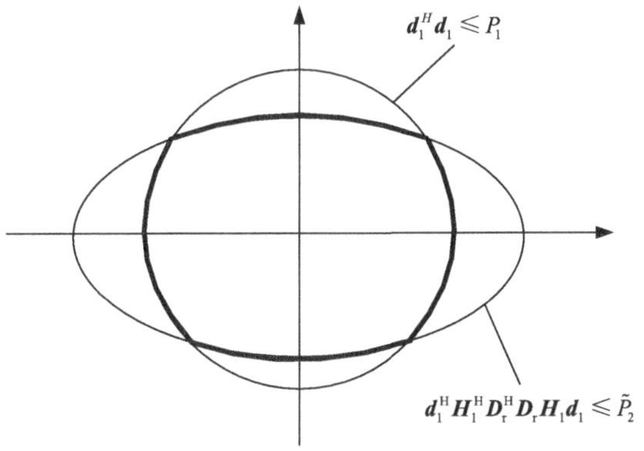

图 3.2　优化 $\boldsymbol{d}_1$ 时的两个约束条件

为简化描述，首先定义如下：

$$\boldsymbol{H}_1^{\mathrm{H}}\boldsymbol{D}_{\mathrm{r}}^{\mathrm{H}}\boldsymbol{H}_2^{\mathrm{H}}\boldsymbol{H}_2\boldsymbol{D}_{\mathrm{r}}\boldsymbol{H}_1=\boldsymbol{Q}$$

$$\boldsymbol{H}_1^{\mathrm{H}}\boldsymbol{D}_{\mathrm{r}}^{\mathrm{H}}\boldsymbol{D}_{\mathrm{r}}\boldsymbol{H}_1=\boldsymbol{N}$$

则式（3-25）～式（3-27）可表示为

$$\begin{aligned}&\max\quad \boldsymbol{x}^{\mathrm{H}}\boldsymbol{Q}\boldsymbol{x}\\&\text{s.t.}\quad \boldsymbol{x}^{\mathrm{H}}\boldsymbol{x}\leqslant P_1,\\&\boldsymbol{x}^{\mathrm{H}}\boldsymbol{N}\boldsymbol{x}\leqslant \widetilde{P_2}\end{aligned}\tag{3-28}$$

式（3-28）等价为

$$\begin{aligned}&\max\quad \boldsymbol{y}^{\mathrm{H}}\boldsymbol{y}\\&\text{s.t.}\quad \boldsymbol{y}^{\mathrm{H}}\boldsymbol{Q}^{-1}\boldsymbol{y}\leqslant P_1,\\&\boldsymbol{y}^{\mathrm{H}}\left(\boldsymbol{Q}^{-\frac{\mathrm{H}}{2}}\boldsymbol{N}\boldsymbol{Q}^{-\frac{1}{2}}\right)\boldsymbol{y}\leqslant \widetilde{P_2}\end{aligned}\tag{3-29}$$

针对式（3-29）定义如下集合：

$$\boldsymbol{y}_k\in\Omega=\left\{\boldsymbol{z}\left|\boldsymbol{z}^{\mathrm{H}}\boldsymbol{Q}^{-1}\boldsymbol{z}\leqslant P_1,\boldsymbol{z}^{\mathrm{H}}\left(\boldsymbol{Q}^{-\frac{\mathrm{H}}{2}}\boldsymbol{N}\boldsymbol{Q}^{-\frac{1}{2}}\right)\boldsymbol{z}\leqslant\widetilde{P_2}\right.\right\}\tag{3-30}$$

式（3-30）中的代价函数在 $\boldsymbol{y}_k$ 处的梯度是 $2\boldsymbol{y}_k$。类似于梯度投影法，令

$$\widetilde{\boldsymbol{y}}=P_{\Omega}\left(\boldsymbol{y}_k+2\alpha\boldsymbol{y}_k\right)=P_{\Omega}\left[(2\alpha+1)\boldsymbol{y}_k\right]\tag{3-31}$$

同时

$$f(\alpha)=\left\|\boldsymbol{x}-P_{\Omega}\left(\boldsymbol{x}+\alpha\boldsymbol{d}\right)\right\|_{\Omega}$$

随着 α 的增加而增大，其中 $\boldsymbol{x}\in\Omega$，$P_{\Omega}(\cdot)$ 是关于欧氏范数的投影操作。因此

$$\left\|0-P_{\Omega}\left[0+(2\alpha+1)\boldsymbol{y}_k\right]\right\|_2=\left\|\widetilde{\boldsymbol{y}}\right\|_2$$

随着 α 的增加而增大，令

$$\boldsymbol{y}_{k+1}=\lim_{\alpha\to\infty}P_{\Omega}\left(\boldsymbol{y}_k+2\alpha\boldsymbol{y}_k\right)\tag{3-32}$$

同时，利用文献[60]的结论：

$$\lim_{\alpha\to\infty}P_{\Omega}\left(\boldsymbol{y}_k+2\alpha\boldsymbol{y}_k\right)=\arg\max\left\{\boldsymbol{y}_k^{\mathrm{H}}\boldsymbol{y}_k\,\middle|\,\boldsymbol{y}\in\Omega\right\}\tag{3-33}$$

并且令 $\boldsymbol{y}=\boldsymbol{Q}^{\frac{1}{2}}\boldsymbol{x}$，可得到

$$\begin{aligned}&\boldsymbol{x}_{k+1}=\arg\min\left\{-\boldsymbol{x}_k^{\mathrm{H}}\boldsymbol{H}_1^{\mathrm{H}}\boldsymbol{D}_{\mathrm{r}}^{\mathrm{H}}\boldsymbol{H}_2^{\mathrm{H}}\boldsymbol{H}_2\boldsymbol{D}_{\mathrm{r}}\boldsymbol{H}_1\boldsymbol{x}_k\right\}\\&\text{s.t.}\quad \boldsymbol{x}^{\mathrm{H}}\boldsymbol{x}\leqslant P_1\\&\boldsymbol{x}^{\mathrm{H}}\boldsymbol{H}_1^{\mathrm{H}}\boldsymbol{D}_{\mathrm{r}}^{\mathrm{H}}\boldsymbol{D}_{\mathrm{r}}\boldsymbol{H}_1\boldsymbol{x}\leqslant\widetilde{P}_2\end{aligned}\tag{3-34}$$

因此，求解式（3-25）～式（3-27）的迭代算法如下。

算法 3.1　求解双约束下凸的接收信噪比下界最大化问题

步骤 1：初始化$\boldsymbol{d}_1^0$，迭代次数$k=0$，计算式（3-25）中的代价函数f^0，迭代精度要求$\varepsilon_1>0$。

步骤 2：更新$\boldsymbol{d}_1^{k+1}$，如下：

$$\begin{aligned}&\boldsymbol{d}_1^{k+1}=\arg\min_{\boldsymbol{x}}\left\{-\boldsymbol{x}^{\mathrm{H}}\boldsymbol{H}_1^{\mathrm{H}}\boldsymbol{D}_{\mathrm{r}}^{\mathrm{H}}\boldsymbol{H}_2^{\mathrm{H}}\boldsymbol{H}_2\boldsymbol{D}_{\mathrm{r}}\boldsymbol{H}_1\boldsymbol{d}_1^k\right\}\\&\text{s.t.}\quad \boldsymbol{x}^{\mathrm{H}}\boldsymbol{x}\leqslant P_1\\&\boldsymbol{x}^{\mathrm{H}}\boldsymbol{H}_1^{\mathrm{H}}\boldsymbol{D}_{\mathrm{r}}^{\mathrm{H}}\boldsymbol{D}_{\mathrm{r}}\boldsymbol{H}_1\boldsymbol{x}\leqslant\widetilde{P}_2\end{aligned}$$

步骤 3：检查停止条件$\left|f^{k+1}-f^k\right|/\left|f^k\right|<\varepsilon_1$。如果满足条件，则停止迭代；否则，返回步骤 2 继续迭代更新。

因为集合Ω是紧集，即$\lim\limits_{k\to\infty}\boldsymbol{x}_k^{\mathrm{H}}\boldsymbol{Q}\boldsymbol{x}_k=a_0$，而且

$$\boldsymbol{x}_1^{\mathrm{H}}\boldsymbol{Q}\boldsymbol{x}_1\leqslant\boldsymbol{x}_2^{\mathrm{H}}\boldsymbol{Q}\boldsymbol{x}_2\leqslant\cdots\leqslant\boldsymbol{x}_k^{\mathrm{H}}\boldsymbol{Q}\boldsymbol{x}_k\leqslant\cdots\leqslant a_0\tag{3-35}$$

由式（3-35）可知，算法 3.1 中每一层迭代的代价函数值是逐渐增加的且有上界，因此算法 3.1 是收敛的。

3.5　多天线信源和协作分布式中继的联合波束成形优化设计

3.3 节和 3.4 节通过推导得到了协作式中继的最优分布式波束成形及多天线信源的波束成形方案，下面对多天线信源的波束成形和协作式中继的分布式波束成形进行联合优化，具体算法实现如下。

算法 3.2　联合波束成形的优化设计

步骤 1：初始化$\boldsymbol{d}_1^0$，对角矩阵$\boldsymbol{D}_{\mathrm{r}}^0$，迭代次数$k=0$，迭代精度要求$\varepsilon_2>0$，计算式（3-10）中的代价函数$f^0$。

步骤 2：固定$\boldsymbol{d}_1^k$，利用定理 3.2 更新$\boldsymbol{D}_{\mathrm{r}}^{k+1}$。

步骤 3：固定$\boldsymbol{D}_{\mathrm{r}}^{k+1}$，利用算法 3.1 更新$\boldsymbol{d}_1^{k+1}$，并计算在$\boldsymbol{d}_1^{k+1}$和$\boldsymbol{D}_{\mathrm{r}}^{k+1}$下的代价函数值$f^{k+1}$。

步骤 4：检查停止条件：$\left|f^{k+1}-f^k\right|/\left|f^k\right|<\varepsilon_2$。如果满足条件，则停止迭代；否则，令$k=k+1$，返回步骤 2 继续迭代。

由于算法 3.2 中的每一层迭代产生的代价函数值都是增加的，且代价函数有上界，因此算法 3.2 是收敛的。

3.6 仿真结果与分析

本节通过计算机仿真比较了所提出的联合波束成形方案和现有的多中继分布式波束成形方案的可达速率性能、累积分布函数性能和误比特率性能。基站的发射功率是 P_1，所有中继转发信号的总功率是 P_2；基站天线数是 M，有 K 个单天线的中继；每个中继接收到 AWGN 的方差是 σ_1^2，用户的每根天线接收到 AWGN 的方差是 σ_2^2；定义 $\rho_1 = P_1/(M\sigma_1^2)$ 和 $\rho_2 = P_2/(K\sigma_2^2)$，不失一般性，令 $\rho_1 = \rho_2 = \rho$。基站到中继的信道与中继到用户的信道是相互独立的，并且信道的每个分量都服从 $\mathrm{CN}(0,1)$ 的复高斯分布。采用Monte Carlo方法进行试验，统计平均的次数是10000次，并将本章所提方案与文献[61]中的方案 Scheme-1 和文献[62]中的方案 Scheme-2 进行了比较。

图 3.3 所示为在 M=K=N=2 时系统可达速率随信噪比的变化曲线，并且与现有方案[61-62]进行了比较。由图 3.3 可见，三根曲线是平行的，在各种不同的 SNR 下，所提方案都明显超越了现有的两个方案。例如，当 SNR=10dB 时，所提方案获得了大约 4.8b/（s·Hz）的可达速率，比现有方案分别产生 0.8b/（s·Hz）和 1b/（s·Hz）的可达速率增益。

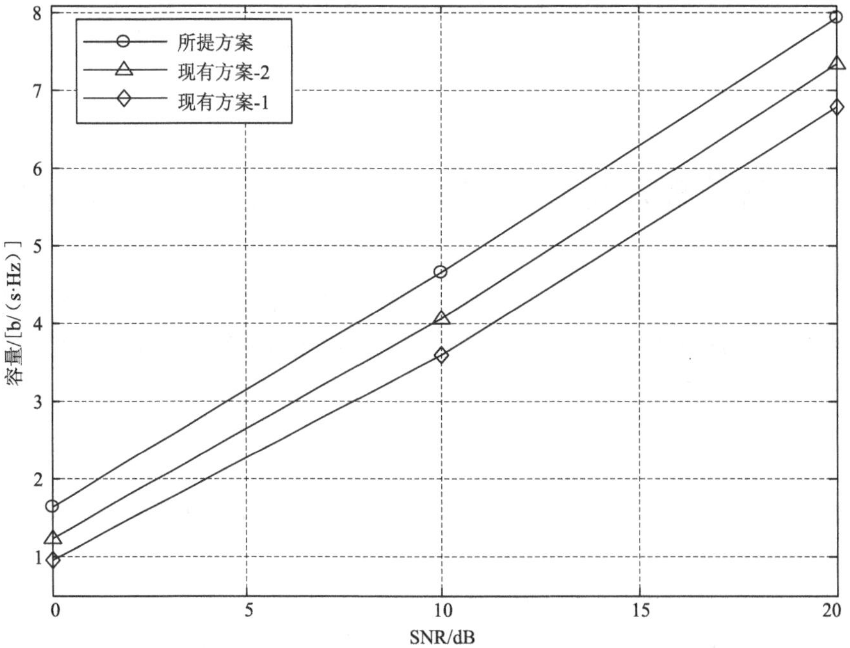

图 3.3　M=K=N=2 时系统可达速率在不同信噪比下的比较

图 3.4 比较了当 M=K=N=2 且 ρ=10dB 时所提方案和现有方案的链路可靠性。由

图 3.4 可见，在同样的传输速率下，所提方案使系统的链路可靠性显著增强。例如，在中断概率是 10%时，三个方案对应的传输速率分别是 3.8b/（s·Hz）、2.9b/（s·Hz）和 2b/（s·Hz），这说明在同样的链路可靠性保证下，所提方案能够传输更多的信息比特流。

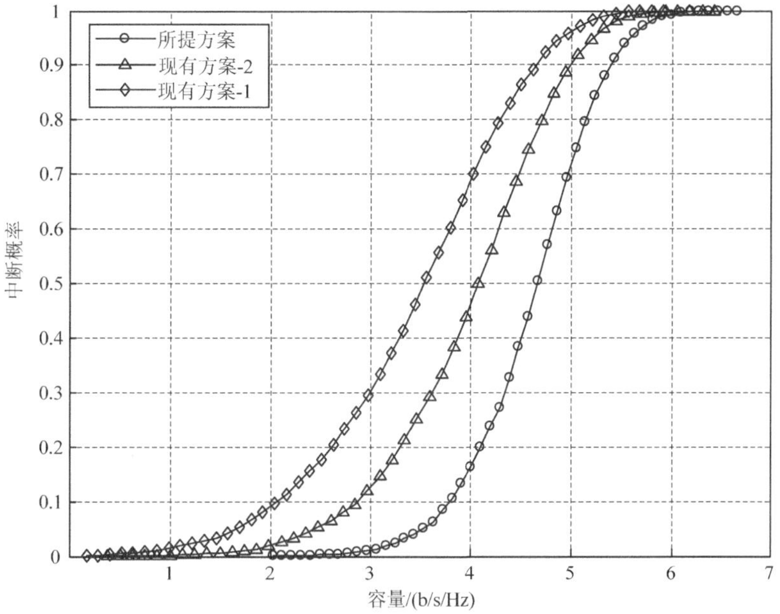

图 3.4　$M=K=N=2$ 且 $\rho=10\text{dB}$ 时系统累积分布函数性能比较

图 3.5 和图 3.6 描述了四根发送天线（$M=K=N=4$）时的系统可达速率性能和中断概率性能比较，从这两个图可以得到类似的结论。

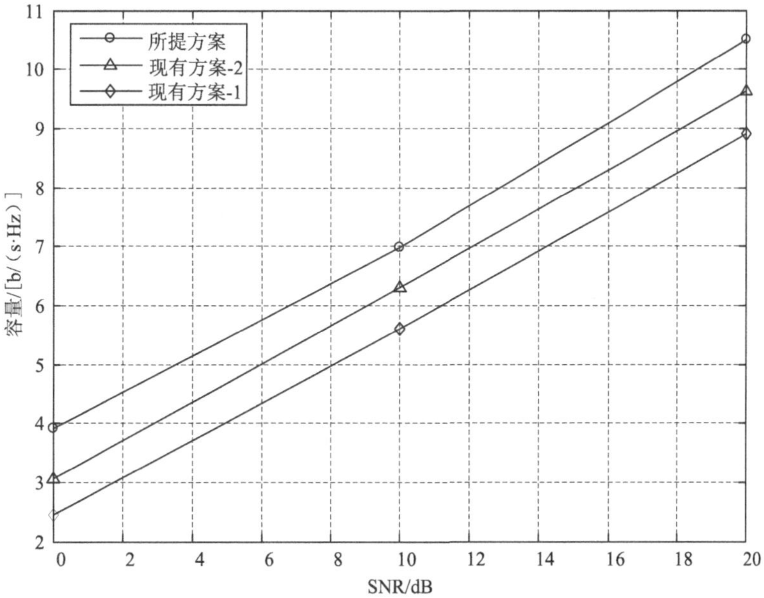

图 3.5　$M=K=N=4$ 时系统可达速率在不同信噪比下的比较

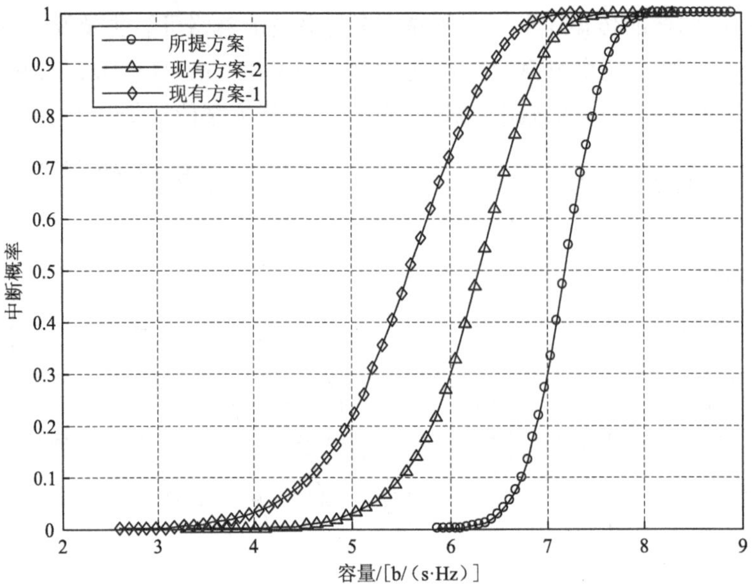

图 3.6　$M=K=N=4$ 且 ρ=10dB 时系统中断概率性能比较

图 3.7 和图 3.8 测试了所提方案在不同天线数下的性能，并比较了现有的两个方案。从图 3.7 和图 3.8 可以看出，所提方案在各种不同信噪比、不同天线配置和不同中继数目下都获得了明显的累积分布函数性能和可达速率性能增益。

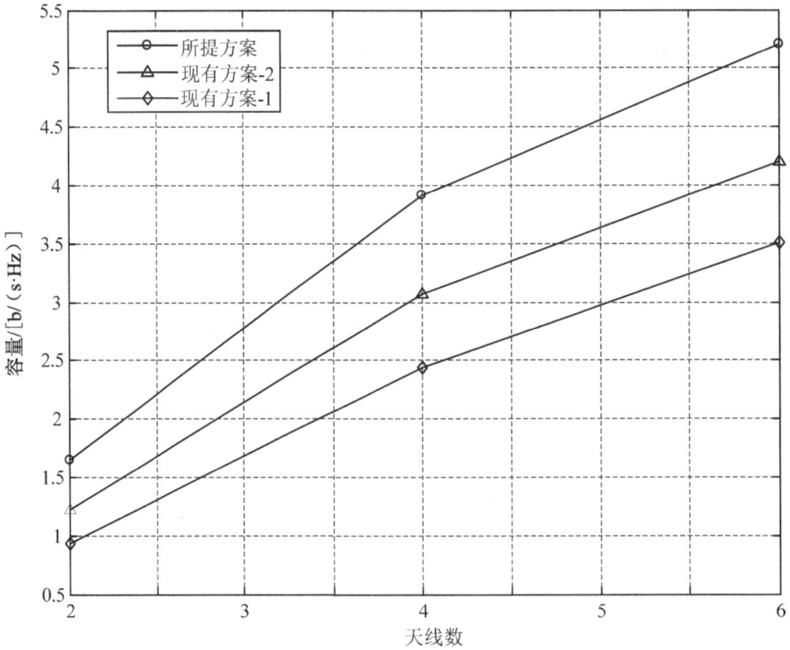

图 3.7　SNR=0dB 时系统可达速率在不同天线数下的比较

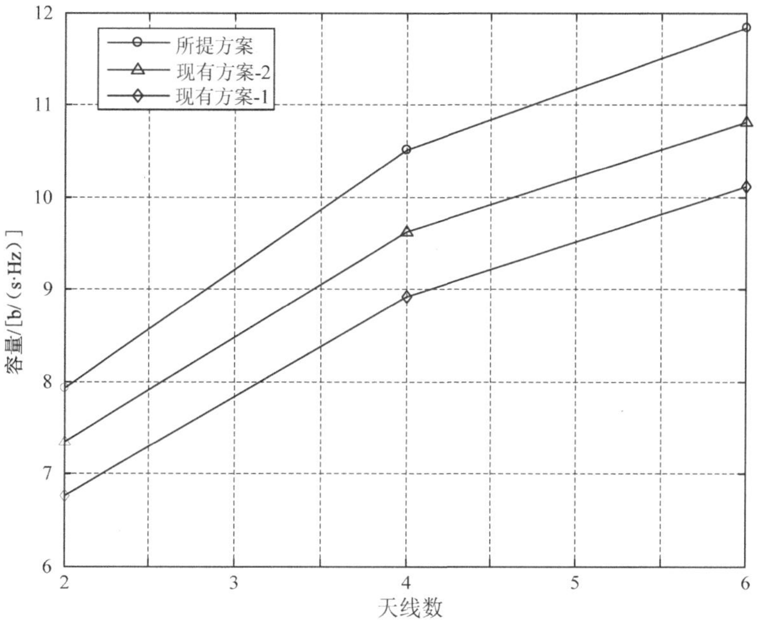

图 3.8　SNR=20dB 时系统可达速率在不同天线数下的比较

本 章 小 结

本章对协作式中继增强型 MIMO 通信系统中的联合波束成形问题进行了研究，其中实现了多天线信源的波束成形和多中继的分布式波束成形之间的联合优化问题。首先，当多天线信源的波束成形固定时，推导得到了多中继的最优分布式波束成形的解析表达式；然后，当多中继的分布式波束成形固定时，设计一个迭代算法，该算法用来优化多天线信源的波束成形；最后，设计了一个全局迭代算法，该算法用来联合优化多天线信源的波束成形和协作式中继的分布式波束成形。计算机仿真结果表明，所提方案明显提高了系统性能。

第4章 多天线双向中继协作转发方案最优设计

4.1 研究背景及内容安排

前面几章研究的单向中继转发协议需要四个时隙才能完成包括上行链路（用户到基站）和下行链路（基站到用户）在内的一整个通信回合，其中第一个时隙用于基站到中继的通信，第二个时隙用于中继到用户的通信，第三个时隙用于用户到中继的通信，第四个时隙用于中继到基站的通信。由此可见，单向中继协议的频谱效率由于占用四个时隙而遭受较大损失[63]，这使双向中继转发协议更受关注。

事实上，早在 20 世纪 60 年代 Shannon[64]就提出了双向中继通信的概念，可惜由于当时的技术条件有限，双向中继通信很久之后才得到广泛研究。双向中继协议的具体工作过程是：在第一个时隙里，基站和用户把各自的消息同时同频地发送给中继，中继接收到的信号是两个消息的叠加形式，对该叠加信号进行线性处理，然后在第二个时隙里同时同频地广播给基站和用户。基站和用户各自的接收信号中包含自己发送的数据，由此对有用信号造成的干扰称为自干扰，基站和用户分别利用网络编码的原理[65-67]对自干扰进行彻底消除，然后进行译码，因而双向中继只需要两个时隙就可以完成上下行链路。由此可见，双向转发协议比单向转发协议具有更高的频谱效率。

近年来，双向中继转发协议得到了广泛的研究。当系统只有一个单天线的双向中继时，已有很多研究成果。文献[68]针对单个双向中继系统分析了分集-复用折中方面的性能，并且给出了最优的功率分配方案；文献[69]、[70]从信息论的角度分析了该系统模型的链路可靠性和可达速率之间的折中；文献[71]证明了该系统模型下双向转发协议的可达速率确实优于单向转发协议的可达速率性能；文献[72]推导出了该系统的可达速率性能的上下界，并且证明了双向转发协议确实优于单向转发协议；文献[73]针对该系统模型进行了最优功率分配研究；文献[74]针对该系统模型推导出了系统中断概率函数的解析表达式；文献[75]、[76]研究了该系统模型的信道估计和最优导频设计问题；文献[77]通过充分利用中继站的信道状态信息设计出了一个新颖的中继转发方案，该方案能够最小化系统的均方误差函数；文献[78]提出了几种双向中继转发策略，并且证明了所提策略在高信噪比时能够最小化系统的平均误符号率函数；文献[79]～[82]研究了多用户双向中继系统。然而，这些研究都是针对单个双向中继且该中继只有一根天线的系统，而没有考虑多个双向中继协作转发的通信模型。

文献[83]研究了多个双向中继协作转发的分布式波束成形的优化问题，文献[84]利用图论方法对多个双向中继进行了功率分配研究，文献[85]针对多个单天线双向中继系统进行了系统可达速率和中断概率的性能分析，文献[86]设计了一个分布式双向中继的波束成形方案。然而，这些研究都只考虑单天线的双向中继协作系统，并没有考虑 MIMO 双向中继的协作通信系统。

文献[66]、[67]、[87]～[90]研究了只有一个多天线双向中继的系统容量上界和功率分配优化问题，未研究多个 MIMO 双向中继协作转发的通信模型。文献[91]～[95]研究了解码转发型中继的双向转发方案，研究结果表明，通过巧妙设计中继转发方案，能够使双向中继协议获得明显的性能增益。然而，由于译码转发需要很高的复杂度，带来比较大的时延，因此放大转发型中继的应用更为广泛。文献[96]研究了双向中继协议下的分布式空时编码，并且证明了双向中继通信确实优于单向中继通信。文献[97]研究了双向中继协议下 MIMO 中继转发方案。然而，现有的研究都没有考虑双向中继协议下的并行 MIMO 中继协作转发方案。

本章研究的系统模型是：在多个 MIMO 中继共同辅助下，两个信源（如基站和用户）之间进行无线通信，其中每个中继可以配有多根天线。首先，基于均方误差最小化准则，充分利用全部信道状态信息，通过对上行链路和下行链路进行联合优化，得到双向中继协议下最优的并行 MIMO 中继协作转发方案。然而，多个 MIMO 双向中继的整体协作矩阵必须是块对角矩阵，这使问题变得非常复杂。本章将利用矩阵变换和向量拉直公式对原始的数学问题进行等价变换，变换后的数学问题很容易求解，并且本章提出的等价变换方法适用于所有同构或异构的双向中继协作转发系统。考虑到高速移动用户和游移中继这两个通信场景，基于该最优方案，分别获得鲁棒的并行 MIMO 中继协作方案。

本章内容安排如下。4.2 节给出了双向中继协议下并行 MIMO 中继协作转发的通信系统模型。4.3 节首先基于均方误差最小化准则建立了数学模型；然后通过矩阵变换，将原始数学问题变换成另一个等价的数学问题，从而有利于对问题的求解；最后推导出了并行 MIMO 双向中继协作转发的最优方案。4.4 节分别针对高速移动用户和游移中继这两个通信场景，推导出了所提最优方案的鲁棒性实现方案。4.5 节给出了计算机仿真和数据分析。最后是本章的结论。

4.2 系统模型

如图 4.1 所示，在 K 个 MIMO 中继辅助下，两信源 S_1 和 S_2 进行双向通信，其中每

个中继配有 N 根天线，并且分布在不同的地理位置上，因此中继之间无法共享各自接收到的实时数据流，两个信源（如基站和用户）都配有一根天线，每个中继采用放大转发的工作模式。由于路径损耗和大尺度衰落，因此两信源之间的直接链路可以忽略不计。

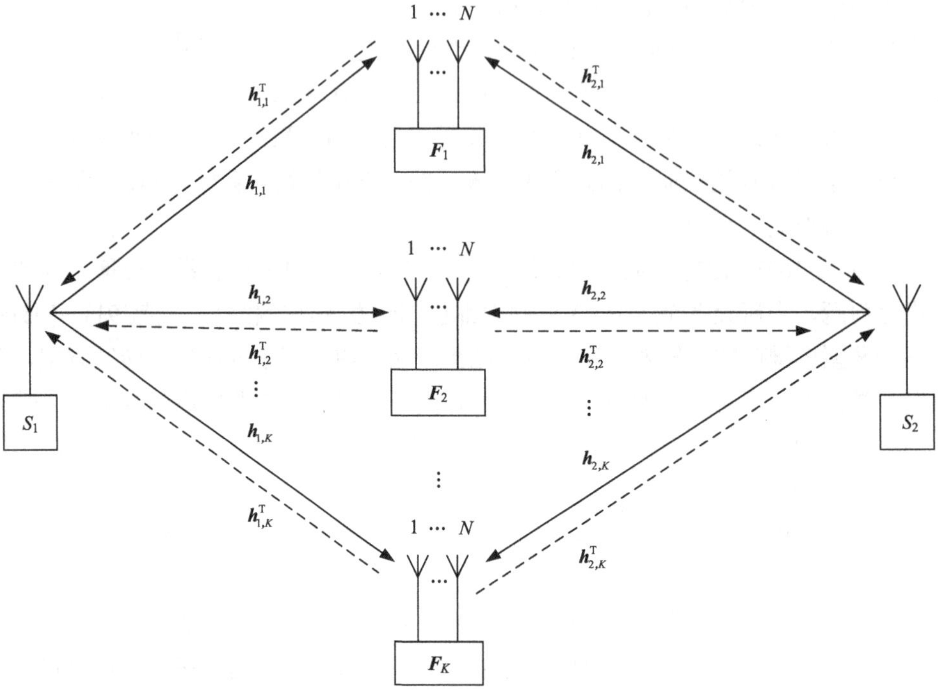

图 4.1　并行 MIMO 中继辅助下的双向通信系统模型

在第一个时隙里，两个信源分别把各自数据 $x_1 \in \mathbb{C}^{1\times1}$ 和 $x_2 \in \mathbb{C}^{1\times1}$ 发送给所有中继，每个中继的接收信号向量连成一个整体，可表示为

$$\boldsymbol{y} = \boldsymbol{h}_1 x_1 + \boldsymbol{h}_2 x_2 + \boldsymbol{n}_3$$

式中，$\boldsymbol{h}_1 = \left[\boldsymbol{h}_{1,1}^{\mathrm{T}}, \boldsymbol{h}_{1,2}^{\mathrm{T}}, \cdots, \boldsymbol{h}_{1,K}^{\mathrm{T}}\right]^{\mathrm{T}} \in \mathbb{C}^{KN\times1}$，$\boldsymbol{h}_{1,k} \in \mathbb{C}^{N\times1}$ 是在第一个时隙内信源 1 到第 k 个中继的无线信道；$\boldsymbol{h}_2 = \left[\boldsymbol{h}_{2,1}^{\mathrm{T}}, \boldsymbol{h}_{2,2}^{\mathrm{T}}, \cdots, \boldsymbol{h}_{2,K}^{\mathrm{T}}\right]^{\mathrm{T}} \in \mathbb{C}^{KN\times1}$，$\boldsymbol{h}_{2,k} \in \mathbb{C}^{N\times1}$ 是在第一个时隙内信源 2 到第 k 个中继的无线信道；$\boldsymbol{n}_3 \in \mathbb{C}^{KN\times1}$ 是在第一个时隙内所有中继接收到的 AWGN，且服从分布 $\mathrm{CN}\left(\boldsymbol{0}, \sigma_3^2 \boldsymbol{I}_{KN}\right)$。每个中继对各自的接收信号进行线性处理后，所有要转发的信号是

$$\boldsymbol{z} = \boldsymbol{F}\boldsymbol{y} = \boldsymbol{F}\left(\boldsymbol{h}_1 x_1 + \boldsymbol{h}_2 x_2 + \boldsymbol{n}_3\right)$$

由于中继之间无法共享瞬时的数据流，因此所有中继的处理矩阵 $\boldsymbol{F} = \mathrm{blkdiag}\{\boldsymbol{F}_1, \boldsymbol{F}_2, \cdots, \boldsymbol{F}_K\} \in \mathbb{C}^{KN\times KN}$ 必须是块对角矩阵，其中 $\boldsymbol{F}_k \in \mathbb{C}^{N\times N}$ 是第 k 个中继的处理矩阵。在第二个时隙里，每个中继把各自线性处理后的信号同时同频广播给信源 S_1 和 S_2。假设信道在连续两个时隙内没有变化，则在第二个时隙里所有中继到 S_1 和 S_2 的信道分别为 $\boldsymbol{h}_1^{\mathrm{T}}$ 和 $\boldsymbol{h}_2^{\mathrm{T}}$，

因此信源 S_1 和 S_2 在第二个时隙接收到的信号分别为

$$r_1 = \boldsymbol{h}_1^{\mathrm{T}} \boldsymbol{z} = \boldsymbol{h}_1^{\mathrm{T}} \boldsymbol{F} \boldsymbol{h}_2 x_2 + \boldsymbol{h}_1^{\mathrm{T}} \boldsymbol{F} \boldsymbol{h}_1 x_1 + \left(\boldsymbol{h}_1^{\mathrm{T}} \boldsymbol{F} \boldsymbol{n}_3 + \boldsymbol{n}_1 \right) \tag{4-1}$$

$$r_2 = \boldsymbol{h}_2^{\mathrm{T}} \boldsymbol{z} = \boldsymbol{h}_2^{\mathrm{T}} \boldsymbol{F} \boldsymbol{h}_1 x_1 + \boldsymbol{h}_2^{\mathrm{T}} \boldsymbol{F} \boldsymbol{h}_2 x_2 + \left(\boldsymbol{h}_2^{\mathrm{T}} \boldsymbol{F} \boldsymbol{n}_3 + \boldsymbol{n}_2 \right) \tag{4-2}$$

式中，$\boldsymbol{n}_1, \boldsymbol{n}_2 \in \mathbb{C}^{1\times 1}$ 分别为 S_1 和 S_2 在第二个时隙里接收到的 AWGN，且服从分布 $\boldsymbol{n}_i \sim \mathrm{CN}\left(0, \sigma_i^2\right) \ (i=1,2)$。

在式（4-1）和式（4-2）中，右侧的第一项都是有用信号，第二项是自己发送的消息对有用信息造成的自干扰，第三项分别是 S_1 和 S_2 接收到的所有噪声。通过网络编码技术，两个信源可以把自干扰从各自的接收消息中彻底消除，得到的信号为

$$q_1 = \boldsymbol{h}_1^{\mathrm{T}} \boldsymbol{F} \boldsymbol{h}_2 x_2 + \left(\boldsymbol{h}_1^{\mathrm{T}} \boldsymbol{F} \boldsymbol{n}_3 + \boldsymbol{n}_1 \right) \tag{4-3}$$

$$q_2 = \boldsymbol{h}_2^{\mathrm{T}} \boldsymbol{F} \boldsymbol{h}_1 x_1 + \left(\boldsymbol{h}_2^{\mathrm{T}} \boldsymbol{F} \boldsymbol{n}_3 + \boldsymbol{n}_2 \right) \tag{4-4}$$

基于式（4-3）和式（4-4），整个系统总的 MSE 可表示为

$$\begin{aligned} \mathrm{MSE} &= \mathbb{E}\left\{ |q_2 - x_1|^2 \right\} + \mathbb{E}\left\{ |q_1 - x_2|^2 \right\} \\ &= \boldsymbol{h}_2^{\mathrm{T}} \boldsymbol{F} \boldsymbol{R}_1 \boldsymbol{F}^{\mathrm{H}} \boldsymbol{h}_2^{*} - \boldsymbol{h}_2^{\mathrm{T}} \boldsymbol{F} \boldsymbol{h}_1 p_1 - \boldsymbol{h}_1^{\mathrm{H}} \boldsymbol{F}^{\mathrm{H}} \boldsymbol{h}_2^{*} p_1 + \boldsymbol{h}_1^{\mathrm{T}} \boldsymbol{F} \boldsymbol{R}_2 \boldsymbol{F}^{\mathrm{H}} \boldsymbol{h}_1^{*} \\ &\quad - \boldsymbol{h}_1^{\mathrm{T}} \boldsymbol{F} \boldsymbol{h}_2 p_2 - \boldsymbol{h}_2^{\mathrm{H}} \boldsymbol{F}^{\mathrm{H}} \boldsymbol{h}_1^{*} p_2 + \left(p_1 + \sigma_2^2 + p_2 + \sigma_1^2 \right) \end{aligned} \tag{4-5}$$

式中，$\boldsymbol{R}_1 = \boldsymbol{h}_1 \boldsymbol{h}_1^{\mathrm{H}} p_1 + \sigma_3^2 \boldsymbol{I}_{KN}$；$\boldsymbol{R}_2 = \boldsymbol{h}_2 \boldsymbol{h}_2^{\mathrm{H}} p_2 + \sigma_3^2 \boldsymbol{I}_{KN}$；$p_i \ (i=1,2)$ 分别为信源 S_1 和 S_2 的发送功率。

4.3　并行 MIMO 双向中继协作转发方案的最优设计

本节将研究在理想信道状态信息条件下，并行 MIMO 双向中继协作转发方案的最优设计问题，该方案的目标是获得系统最优的 MSE 性能。首先建立相应的数学模型；然后考虑到 K 个中继之间无法共享各自接收的数据流，因此要设计的协作处理矩阵 $\boldsymbol{F}$ 必须是块对角矩阵，这使问题的求解变得相当困难，因而本节将利用矩阵拉直变换将该数学模型等价变换成另一个数学模型；针对变换后的数学问题，利用拉格朗日乘子法得到最优解。本节提出的等价变换方法适用于所有同构或异构的放大转发型双向中继系统。

首先基于式(4-5)，并行 MIMO 双向中继协作转发方案的优化设计问题可建模如下：

$$\begin{aligned} \min_{\boldsymbol{F}} \quad & \tilde{J} = \boldsymbol{h}_2^{\mathrm{T}} \boldsymbol{F} \boldsymbol{R}_1 \boldsymbol{F}^{\mathrm{H}} \boldsymbol{h}_2^{*} - \boldsymbol{h}_2^{\mathrm{T}} \boldsymbol{F} \boldsymbol{h}_1 p_1 - \boldsymbol{h}_1^{\mathrm{H}} \boldsymbol{F}^{\mathrm{H}} \boldsymbol{h}_2^{*} p_1 + \boldsymbol{h}_1^{\mathrm{T}} \boldsymbol{F} \boldsymbol{R}_2 \boldsymbol{F}^{\mathrm{H}} \boldsymbol{h}_1^{*} \\ & \quad - \boldsymbol{h}_1^{\mathrm{T}} \boldsymbol{F} \boldsymbol{h}_2 p_2 - \boldsymbol{h}_2^{\mathrm{H}} \boldsymbol{F}^{\mathrm{H}} \boldsymbol{h}_1^{*} p_2 + \left(p_1 + \sigma_2^2 + p_2 + \sigma_1^2 \right) \\ \mathrm{s.t.} \quad & \mathrm{tr}\left\{ \boldsymbol{F} \left(\boldsymbol{R}_1 + \boldsymbol{R}_2 - \sigma_3^2 \boldsymbol{I}_{KN} \right) \boldsymbol{F}^{\mathrm{H}} \right\} = p_3 \end{aligned} \tag{4-6}$$

式中，$p_3 \in \mathbb{R}^{1\times1}$为所有中继转发信号的总功率约束。现在的任务是如何确定块对角矩阵$\boldsymbol{F}$，使在满足式（4-6）中的约束条件下，最小化式（4-6）中的代价函数。利用拉格朗日乘子法求解最优解，相应的拉格朗日函数可写为

$$J = \tilde{J} + \lambda\left(\operatorname{tr}\left\{\boldsymbol{F}\left(\boldsymbol{R}_1 + \boldsymbol{R}_2 - \sigma_3^2 \boldsymbol{I}_{KN}\right)\boldsymbol{F}^{\mathrm{H}}\right\} - p_3\right) \tag{4-7}$$

式中，λ为拉格朗日乘子。

针对式（4-7），如果直接利用拉格朗日乘子法进行求解，那么得到的最优解一般不是块对角矩阵，因此不满足$\boldsymbol{F}$必须是块对角矩阵这一要求。下面把式（4-6）等价变换成另一个数学模型，这有助于求解最优的块对角矩阵$\boldsymbol{F}$。

如果对J关于$\boldsymbol{F}^*$进行求导，那么$\boldsymbol{F}$可视为常数，因此式（4-7）可写为

$$\begin{aligned} J = &\boldsymbol{h}_2^{\mathrm{T}}\boldsymbol{F}\boldsymbol{R}_1\boldsymbol{F}^{\mathrm{H}}\boldsymbol{h}_2^* - \boldsymbol{h}_1^{\mathrm{H}}\boldsymbol{F}^{\mathrm{H}}\boldsymbol{h}_2^* p_1 + \boldsymbol{h}_1^{\mathrm{T}}\boldsymbol{F}\boldsymbol{R}_2\boldsymbol{F}^{\mathrm{H}}\boldsymbol{h}_1^* - \boldsymbol{h}_2^{\mathrm{H}}\boldsymbol{F}^{\mathrm{H}}\boldsymbol{h}_1^* p_2 \\ &+ \lambda\left(\operatorname{tr}\left\{\boldsymbol{F}\left(\boldsymbol{R}_1 + \boldsymbol{R}_2 - \sigma_3^2\boldsymbol{I}_{KN}\right)\boldsymbol{F}^{\mathrm{H}}\right\} - p_3\right) \\ &- \boldsymbol{h}_2^{\mathrm{T}}\boldsymbol{F}\boldsymbol{h}_1 p_1 - \boldsymbol{h}_1^{\mathrm{T}}\boldsymbol{F}\boldsymbol{h}_2 p_2 + \left(p_1 + \sigma_2^2 + p_2 + \sigma_1^2\right) \end{aligned} \tag{4-8}$$

为了使用拉格朗日乘子法对$\boldsymbol{F}^*$求导，只需要变换式（4-8）中的第一行，而当对$\boldsymbol{F}^*$进行求导时，第二行可视为常数。下面将针对式（4-8）的前五项进行等价变换，其中所需的矩阵拉直运算和求矩阵的迹等公式可参考文献[98]，具体变换如下。

式（4-8）中的第一项$\boldsymbol{h}_2^{\mathrm{T}}\boldsymbol{F}\boldsymbol{R}_1\boldsymbol{F}^{\mathrm{H}}\boldsymbol{h}_2^*$可等价变换为

$$\boldsymbol{h}_2^{\mathrm{T}}\boldsymbol{F}\boldsymbol{R}_1\boldsymbol{F}^{\mathrm{H}}\boldsymbol{h}_2^* = p_1\operatorname{vec}^{\mathrm{H}}\left(\boldsymbol{h}_1^{\mathrm{H}}\boldsymbol{F}^{\mathrm{H}}\boldsymbol{h}_2^*\right)\operatorname{vec}\left(\boldsymbol{h}_1^{\mathrm{H}}\boldsymbol{F}^{\mathrm{H}}\boldsymbol{h}_2^*\right) + \sigma_3^2\operatorname{vec}^{\mathrm{H}}\left(\boldsymbol{F}^{\mathrm{H}}\boldsymbol{h}_2^*\right)\operatorname{vec}\left(\boldsymbol{F}^{\mathrm{H}}\boldsymbol{h}_2^*\right) \tag{4-9}$$

式中，

$$\begin{aligned} \operatorname{vec}\left(\boldsymbol{h}_1^{\mathrm{H}}\boldsymbol{F}^{\mathrm{H}}\boldsymbol{h}_2^*\right) &= \sum_{k=1}^{K}\boldsymbol{h}_{1,k}^{\mathrm{H}}\boldsymbol{F}_k^{\mathrm{H}}\boldsymbol{h}_{2,k}^* \\ &= \sum_{k=1}^{K}\left(\boldsymbol{h}_{2,k}^{\mathrm{H}} \otimes \boldsymbol{h}_{1,k}^{\mathrm{H}}\right)\operatorname{vec}\left(\boldsymbol{F}_k^{\mathrm{H}}\right) \\ &= \underbrace{\left[\boldsymbol{h}_{2,1}^{\mathrm{H}} \otimes \boldsymbol{h}_{1,1}^{\mathrm{H}}, \cdots, \boldsymbol{h}_{2,K}^{\mathrm{H}} \otimes \boldsymbol{h}_{1,K}^{\mathrm{H}}\right]}_{\boldsymbol{a}_1 \in \mathbb{C}^{1\times KN^2}}\boldsymbol{f} \end{aligned} \tag{4-10}$$

其中，$\boldsymbol{f} = \left[\operatorname{vec}\left(\boldsymbol{F}_1^{\mathrm{H}}\right)^{\mathrm{T}}, \operatorname{vec}\left(\boldsymbol{F}_2^{\mathrm{H}}\right)^{\mathrm{T}}, \cdots, \operatorname{vec}\left(\boldsymbol{F}_K^{\mathrm{H}}\right)^{\mathrm{T}}\right]^{\mathrm{T}} \in \mathbb{C}^{KN^2\times1}$，且

$$\begin{aligned} \operatorname{vec}\left(\boldsymbol{F}^{\mathrm{H}}\boldsymbol{h}_2^*\right) &= \left[\operatorname{vec}\left(\boldsymbol{F}_1^{\mathrm{H}}\boldsymbol{h}_{2,1}^*\right); \cdots; \operatorname{vec}\left(\boldsymbol{F}_K^{\mathrm{H}}\boldsymbol{h}_{2,K}^*\right)\right] \\ &= \underbrace{\operatorname{blkdiag}\left\{\left(\boldsymbol{h}_{2,1}^{\mathrm{H}} \otimes \boldsymbol{I}_N\right), \cdots, \left(\boldsymbol{h}_{2,K}^{\mathrm{H}} \otimes \boldsymbol{I}_N\right)\right\}}_{\boldsymbol{A}}\boldsymbol{f} \end{aligned} \tag{4-11}$$

将式（4-10）和式（4-11）代入式（4-9）可得

$$\boldsymbol{h}_2^{\mathrm{T}}\boldsymbol{F}\boldsymbol{R}_1\boldsymbol{F}^{\mathrm{H}}\boldsymbol{h}_2^* = p_1\boldsymbol{f}^{\mathrm{H}}\left(\boldsymbol{a}_1^{\mathrm{H}}\boldsymbol{a}_1\right)\boldsymbol{f} + \sigma_3^2\boldsymbol{f}^{\mathrm{H}}\left(\boldsymbol{A}^{\mathrm{H}}\boldsymbol{A}\right)\boldsymbol{f} \tag{4-12}$$

式（4-8）中的第二项 $\boldsymbol{h}_1^{\mathrm{H}}\boldsymbol{F}^{\mathrm{H}}\boldsymbol{h}_2^* p_1$ 可等价变换为

$$\begin{aligned}\boldsymbol{h}_1^{\mathrm{H}}\boldsymbol{F}^{\mathrm{H}}\boldsymbol{h}_2^* p_1 &= p_1\sum_{k=1}^{K}\mathrm{tr}\left(\boldsymbol{h}_{2,k}^*\boldsymbol{h}_{1,k}^{\mathrm{H}}\boldsymbol{F}_k^{\mathrm{H}}\right)\\ &= p_1\underbrace{\left[\mathrm{vec}^{\mathrm{H}}\left(\boldsymbol{h}_{2,1}^{\mathrm{T}}\right)\left(\boldsymbol{I}_N\otimes\boldsymbol{h}_{1,1}^{\mathrm{H}}\right),\cdots,\mathrm{vec}^{\mathrm{H}}\left(\boldsymbol{h}_{2,K}^{\mathrm{T}}\right)\left(\boldsymbol{I}_N\otimes\boldsymbol{h}_{1,K}^{\mathrm{H}}\right)\right]}_{\boldsymbol{a}_2\in\mathbb{C}^{1\times KN^2}}\boldsymbol{f}\end{aligned} \tag{4-13}$$

类似地，式（4-8）中的第三项可等价变换为

$$\boldsymbol{h}_1^{\mathrm{T}}\boldsymbol{F}\boldsymbol{R}_2\boldsymbol{F}^{\mathrm{H}}\boldsymbol{h}_1^* = p_2\mathrm{vec}^{\mathrm{H}}\left(\boldsymbol{h}_2^{\mathrm{H}}\boldsymbol{F}^{\mathrm{H}}\boldsymbol{h}_1^*\right)\mathrm{vec}\left(\boldsymbol{h}_2^{\mathrm{H}}\boldsymbol{F}^{\mathrm{H}}\boldsymbol{h}_1^*\right)+\sigma_3^2\mathrm{vec}^{\mathrm{H}}\left(\boldsymbol{F}^{\mathrm{H}}\boldsymbol{h}_1^*\right)\mathrm{vec}\left(\boldsymbol{F}^{\mathrm{H}}\boldsymbol{h}_1^*\right) \tag{4-14}$$

式中，

$$\begin{aligned}\mathrm{vec}\left(\boldsymbol{h}_2^{\mathrm{H}}\boldsymbol{F}^{\mathrm{H}}\boldsymbol{h}_1^*\right) &= \sum_{k=1}^{K}\left(\boldsymbol{h}_{1,k}^{\mathrm{H}}\otimes\boldsymbol{h}_{2,k}^{\mathrm{H}}\right)\mathrm{vec}\left(\boldsymbol{F}_k^{\mathrm{H}}\right)\\ &= \underbrace{\left[\left(\boldsymbol{h}_{1,1}^{\mathrm{H}}\otimes\boldsymbol{h}_{2,1}^{\mathrm{H}}\right),\cdots,\left(\boldsymbol{h}_{1,K}^{\mathrm{H}}\otimes\boldsymbol{h}_{2,K}^{\mathrm{H}}\right)\right]}_{\boldsymbol{b}_1\in\mathbb{C}^{1\times KN^2}}\boldsymbol{f}\end{aligned} \tag{4-15}$$

$$\begin{aligned}\mathrm{vec}\left(\boldsymbol{F}^{\mathrm{H}}\boldsymbol{h}_1^*\right) &= \left[\mathrm{vec}\left(\boldsymbol{F}_1^{\mathrm{H}}\boldsymbol{h}_{1,1}^*\right),\cdots,\mathrm{vec}\left(\boldsymbol{F}_K^{\mathrm{H}}\boldsymbol{h}_{1,K}^*\right)\right]\\ &= \underbrace{\mathrm{blkdiag}\left\{\left(\boldsymbol{h}_{1,1}^{\mathrm{H}}\otimes\boldsymbol{I}_N\right),\cdots,\left(\boldsymbol{h}_{1,K}^{\mathrm{H}}\otimes\boldsymbol{I}_N\right)\right\}}_{\boldsymbol{B}}\boldsymbol{f}\end{aligned} \tag{4-16}$$

将式（4-15）和式（4-16）代入式（4-14）可得

$$\boldsymbol{h}_1^{\mathrm{T}}\boldsymbol{F}\boldsymbol{R}_2\boldsymbol{F}^{\mathrm{H}}\boldsymbol{h}_1^* = p_2\boldsymbol{f}^{\mathrm{H}}\left(\boldsymbol{b}_1^{\mathrm{H}}\boldsymbol{b}_1\right)\boldsymbol{f}+\sigma_3^2\boldsymbol{f}^{\mathrm{H}}\left(\boldsymbol{B}^{\mathrm{H}}\boldsymbol{B}\right)\boldsymbol{f} \tag{4-17}$$

式（4-8）中的第四项可等价变换为

$$\begin{aligned}\boldsymbol{h}_2^{\mathrm{H}}\boldsymbol{F}^{\mathrm{H}}\boldsymbol{h}_1^* p_2 &= p_2\sum_{k=1}^{K}\mathrm{tr}\left(\boldsymbol{h}_{1,k}^*\boldsymbol{h}_{2,k}^{\mathrm{H}}\boldsymbol{F}_k^{\mathrm{H}}\right)\\ &= p_2\underbrace{\left[\mathrm{vec}^{\mathrm{H}}\left(\boldsymbol{h}_{1,1}^{\mathrm{T}}\right)\left(\boldsymbol{I}_N\otimes\boldsymbol{h}_{2,1}^{\mathrm{H}}\right),\cdots,\mathrm{vec}^{\mathrm{H}}\left(\boldsymbol{h}_{1,K}^{\mathrm{T}}\right)\left(\boldsymbol{I}_N\otimes\boldsymbol{h}_{2,K}^{\mathrm{H}}\right)\right]}_{\boldsymbol{b}_2\in\mathbb{C}^{1\times KN^2}}\boldsymbol{f}\end{aligned} \tag{4-18}$$

式（4-8）中的第五项 $\lambda\left(\mathrm{tr}\left\{\boldsymbol{F}\left(\boldsymbol{R}_1+\boldsymbol{R}_2-\sigma_3^2\boldsymbol{I}_{KN}\right)\boldsymbol{F}^{\mathrm{H}}\right\}-p_3\right)$ 可等价变换为

$$\begin{aligned}&\mathrm{tr}\left\{\boldsymbol{F}\left(\boldsymbol{R}_1+\boldsymbol{R}_2-\sigma_3^2\boldsymbol{I}_{KN}\right)\boldsymbol{F}^{\mathrm{H}}\right\}\\ &= p_1\mathrm{vec}^{\mathrm{H}}\left(\boldsymbol{h}_1^{\mathrm{H}}\boldsymbol{F}^{\mathrm{H}}\right)\mathrm{vec}\left(\boldsymbol{h}_1^{\mathrm{H}}\boldsymbol{F}^{\mathrm{H}}\right)+p_2\mathrm{vec}^{\mathrm{H}}\left(\boldsymbol{h}_2^{\mathrm{H}}\boldsymbol{F}^{\mathrm{H}}\right)\mathrm{vec}\left(\boldsymbol{h}_2^{\mathrm{H}}\boldsymbol{F}^{\mathrm{H}}\right)+\sigma_3^2\boldsymbol{F}\boldsymbol{F}^{\mathrm{H}}\end{aligned} \tag{4-19}$$

式中，

$$\begin{aligned}\operatorname{vec}\left(\boldsymbol{h}_1^{\mathrm{H}}\boldsymbol{F}^{\mathrm{H}}\right)&=\left[\operatorname{vec}\left(\boldsymbol{h}_1^{\mathrm{H}}\boldsymbol{F}_1^{\mathrm{H}}\right),\cdots,\operatorname{vec}\left(\boldsymbol{h}_K^{\mathrm{H}}\boldsymbol{F}_K^{\mathrm{H}}\right)\right]\\&=\underbrace{\operatorname{blkdiag}\left\{\left(\boldsymbol{I}_N\otimes\boldsymbol{h}_{1,1}^{\mathrm{H}}\right),\cdots,\left(\boldsymbol{I}_N\otimes\boldsymbol{h}_{1,K}^{\mathrm{H}}\right)\right\}}_{\boldsymbol{V}}\boldsymbol{f}\end{aligned}\tag{4-20}$$

$$\operatorname{vec}\left(\boldsymbol{h}_2^{\mathrm{H}}\boldsymbol{F}^{\mathrm{H}}\right)=\underbrace{\operatorname{blkdiag}\left\{\left(\boldsymbol{I}_N\otimes\boldsymbol{h}_{2,1}^{\mathrm{H}}\right),\cdots,\left(\boldsymbol{I}_N\otimes\boldsymbol{h}_{2,K}^{\mathrm{H}}\right)\right\}}_{\boldsymbol{S}}\boldsymbol{f}\tag{4-21}$$

将式（4-20）和式（4-21）代入式（4-19）可得

$$\operatorname{tr}\left\{\boldsymbol{F}\left(\boldsymbol{R}_1+\boldsymbol{R}_2-\sigma_3^2\boldsymbol{I}_{KN}\right)\boldsymbol{F}^{\mathrm{H}}\right\}=\boldsymbol{f}^{\mathrm{H}}\underbrace{\left(p_1\boldsymbol{V}^{\mathrm{H}}\boldsymbol{V}+p_2\boldsymbol{S}^{\mathrm{H}}\boldsymbol{S}+\sigma_3^2\boldsymbol{I}_{KN^2}\right)}_{\tilde{\boldsymbol{V}}}\boldsymbol{f}=p_3\tag{4-22}$$

将式（4-12）、式（4-13）、式（4-17）、式（4-18）、式（4-22）代入式（4-8），得到等价的拉格朗日函数为

$$\begin{aligned}J=&\,\boldsymbol{f}^{\mathrm{H}}\underbrace{\left(p_1\boldsymbol{a}_1^{\mathrm{H}}\boldsymbol{a}_1+\sigma_3^2\boldsymbol{A}^{\mathrm{H}}\boldsymbol{A}+p_2\boldsymbol{b}_1^{\mathrm{H}}\boldsymbol{b}_1+\sigma_3^2\boldsymbol{B}^{\mathrm{H}}\boldsymbol{B}\right)}_{\tilde{\boldsymbol{A}}}\boldsymbol{f}+\lambda\boldsymbol{f}^{\mathrm{H}}\tilde{\boldsymbol{V}}\boldsymbol{f}-\underbrace{\left(p_1\boldsymbol{a}_2+p_2\boldsymbol{b}_2\right)}_{\tilde{\boldsymbol{a}}\in\mathbb{C}^{1\times KN^2}}\boldsymbol{f}\\&+\left\{-\lambda p_3-\boldsymbol{h}_2^{\mathrm{T}}\boldsymbol{F}\boldsymbol{h}_1p_1-\boldsymbol{h}_1^{\mathrm{T}}\boldsymbol{F}\boldsymbol{h}_2p_2+\left(p_1+\sigma_2^2+p_2+\sigma_1^2\right)\right\}\end{aligned}\tag{4-23}$$

下面将利用式（4-23）对 $\boldsymbol{f}$ 进行求导，得

$$\frac{\partial J}{\partial\boldsymbol{f}}=\tilde{\boldsymbol{A}}^{\mathrm{T}}\boldsymbol{f}^*+\lambda\tilde{\boldsymbol{V}}^{\mathrm{T}}\boldsymbol{f}^*-\tilde{\boldsymbol{a}}^{\mathrm{T}}=0\tag{4-24}$$

由此可得最优的 $\boldsymbol{f}$ 为

$$\boldsymbol{f}=\left(\tilde{\boldsymbol{A}}^{\mathrm{H}}+\lambda\tilde{\boldsymbol{V}}^{\mathrm{H}}\right)^{-1}\tilde{\boldsymbol{a}}^{\mathrm{H}}\tag{4-25}$$

式中，λ 的作用是使 $\boldsymbol{f}$ 满足式（4-17）中的功率约束条件。下面将求解最优的 λ 值。

首先将式（4-25）代入式（4-22）中，可得

$$\tilde{\boldsymbol{a}}\left(\tilde{\boldsymbol{A}}+\lambda\tilde{\boldsymbol{V}}\right)^{-1}\tilde{\boldsymbol{V}}\left(\tilde{\boldsymbol{A}}^{\mathrm{H}}+\lambda\tilde{\boldsymbol{V}}^{\mathrm{H}}\right)^{-1}\tilde{\boldsymbol{a}}^{\mathrm{H}}=p_3\tag{4-26}$$

为了获得 $\boldsymbol{f}$，首先需要获得 λ 的大小。显然可以通过穷举搜索法得到满足式（4-26）的 λ，然而由于矩阵求逆带来很高的复杂度，下面将化简式（4-26）进而降低搜索复杂度。由于 $\tilde{\boldsymbol{V}}$ 是半正定的共轭对称矩阵，因此可以进行如下变换：

$$\begin{aligned}\left(\tilde{\boldsymbol{A}}+\lambda\tilde{\boldsymbol{V}}\right)^{-1}&=\left\{\tilde{\boldsymbol{V}}^{\frac{1}{2}}\left(\tilde{\boldsymbol{V}}^{-\frac{1}{2}}\tilde{\boldsymbol{A}}\tilde{\boldsymbol{V}}^{-\frac{1}{2}}+\lambda\boldsymbol{I}_{KN^2}\right)\tilde{\boldsymbol{V}}^{\frac{1}{2}}\right\}^{-1}\\&=\tilde{\boldsymbol{V}}^{-\frac{1}{2}}\left(\tilde{\boldsymbol{V}}^{-\frac{1}{2}}\tilde{\boldsymbol{A}}\tilde{\boldsymbol{V}}^{-\frac{1}{2}}+\lambda\boldsymbol{I}_{KN^2}\right)^{-1}\tilde{\boldsymbol{V}}^{-\frac{1}{2}}\end{aligned}\tag{4-27}$$

将式（4-27）代入式（4-26）可得

$$\tilde{\boldsymbol{a}}\tilde{\boldsymbol{V}}^{-\frac{1}{2}}\left(\tilde{\boldsymbol{V}}^{-\frac{1}{2}}\tilde{\boldsymbol{A}}\tilde{\boldsymbol{V}}^{-\frac{1}{2}}+\lambda\boldsymbol{I}_{KN^2}\right)^{-2}\tilde{\boldsymbol{V}}^{-\frac{1}{2}}\tilde{\boldsymbol{a}}^{\mathrm{H}}=p_3 \tag{4-28}$$

对$\tilde{\boldsymbol{V}}^{-\frac{1}{2}}\tilde{\boldsymbol{A}}\tilde{\boldsymbol{V}}^{-\frac{1}{2}}$进行特征值分解（eigen value decomposition，EVD），得

$$\tilde{\boldsymbol{V}}^{-\frac{1}{2}}\tilde{\boldsymbol{A}}\tilde{\boldsymbol{V}}^{-\frac{1}{2}}=\boldsymbol{U}_2\boldsymbol{\Lambda}_2\boldsymbol{U}_2^{\mathrm{H}}$$

式中，$\boldsymbol{U}_2$为酉矩阵，$\boldsymbol{\Lambda}_2$为对角矩阵。

将该特征分解方程代入式（4-28）可得

$$\left(\boldsymbol{U}_2^{\mathrm{H}}\tilde{\boldsymbol{V}}^{-\frac{1}{2}}\tilde{\boldsymbol{a}}^{\mathrm{H}}\right)^{\mathrm{H}}\left(\boldsymbol{\Lambda}_2+\lambda\boldsymbol{I}_{KN^2}\right)^{-2}\underbrace{\left(\boldsymbol{U}_2^{\mathrm{H}}\tilde{\boldsymbol{V}}^{-\frac{1}{2}}\tilde{\boldsymbol{a}}^{\mathrm{H}}\right)}_{\boldsymbol{d}}=\sum_{i=1}^{KN^2}\left|d_i\right|^2\left(\lambda+\alpha_i\right)^{-2}=p_3 \tag{4-29}$$

式中，α_i和$d_i\left(i=1,\ 2,\ \cdots,\ KN^2\right)$分别为对角矩阵$\boldsymbol{\Lambda}_2$和列向量$\boldsymbol{d}$的第$i$个分量。

式（4-29）是关于λ最简洁的约束表达式，该表达式避免了高复杂度的矩阵运算，特别是矩阵求逆运算。通过搜索式(4-29)可以得到满足约束的λ大小，进而通过式(4-25)直接求解最优$\boldsymbol{f}$。

定理 4.1　式（4-25）是式（4-6）的最优解。

证明　下面将要用$\boldsymbol{f}$表示式（4-6）中的代价函数和约束条件。首先对式（4-6）中的代价函数进行如下变换：

$$\begin{aligned}\tilde{J}&=\boldsymbol{h}_2^{\mathrm{T}}\boldsymbol{F}\boldsymbol{R}_1\boldsymbol{F}^{\mathrm{H}}\boldsymbol{h}_2^*-\boldsymbol{h}_1^{\mathrm{H}}\boldsymbol{F}^{\mathrm{H}}\boldsymbol{h}_2^*p_1+\boldsymbol{h}_1^{\mathrm{T}}\boldsymbol{F}\boldsymbol{R}_2\boldsymbol{F}^{\mathrm{H}}\boldsymbol{h}_1^*-\boldsymbol{h}_2^{\mathrm{H}}\boldsymbol{F}^{\mathrm{H}}\boldsymbol{h}_1^*p_2\\&\quad-\boldsymbol{h}_2^{\mathrm{T}}\boldsymbol{F}\boldsymbol{h}_1p_1-\boldsymbol{h}_1^{\mathrm{T}}\boldsymbol{F}\boldsymbol{h}_2p_2+\left(p_1+\sigma_2^2+p_2+\sigma_1^2\right)\\&=p_1\boldsymbol{f}^{\mathrm{H}}\left(\boldsymbol{a}_1^{\mathrm{H}}\boldsymbol{a}_1\right)\boldsymbol{f}+\sigma_3^2\boldsymbol{f}^{\mathrm{H}}\left(\boldsymbol{A}^{\mathrm{H}}\boldsymbol{A}\right)\boldsymbol{f}-p_1\boldsymbol{a}_2\boldsymbol{f}\\&\quad+p_2\boldsymbol{f}^{\mathrm{H}}\left(\boldsymbol{b}_1^{\mathrm{H}}\boldsymbol{b}_1\right)\boldsymbol{f}+\sigma_3^2\boldsymbol{f}^{\mathrm{H}}\left(\boldsymbol{B}^{\mathrm{H}}\boldsymbol{B}\right)\boldsymbol{f}-p_2\boldsymbol{b}_2\boldsymbol{f}\\&\quad-\boldsymbol{h}_2^{\mathrm{T}}\boldsymbol{F}\boldsymbol{h}_1p_1-\boldsymbol{h}_1^{\mathrm{T}}\boldsymbol{F}\boldsymbol{h}_2p_2+\left(p_1+\sigma_2^2+p_2+\sigma_1^2\right)\end{aligned} \tag{4-30}$$

对式（4-30）的第二个等式中含有$\boldsymbol{F}$的分项$\boldsymbol{h}_2^{\mathrm{T}}\boldsymbol{F}\boldsymbol{h}_1p_1+\boldsymbol{h}_1^{\mathrm{T}}\boldsymbol{F}\boldsymbol{h}_2p_2$进行如下变换：

$$\begin{aligned}p_1\boldsymbol{h}_2^{\mathrm{T}}\boldsymbol{F}\boldsymbol{h}_1+p_2\boldsymbol{h}_1^{\mathrm{T}}\boldsymbol{F}\boldsymbol{h}_2&=\mathrm{tr}\left\{\left(p_1\boldsymbol{h}_2^{\mathrm{T}}\boldsymbol{F}\boldsymbol{h}_1+p_2\boldsymbol{h}_1^{\mathrm{T}}\boldsymbol{F}\boldsymbol{h}_2\right)^{\mathrm{T}}\right\}\\&=p_1\sum_{k=1}^{K}\mathrm{tr}\left\{\boldsymbol{h}_{2k}\boldsymbol{h}_{1k}^{\mathrm{T}}\boldsymbol{F}_k^{\mathrm{T}}\right\}+p_2\sum_{k=1}^{K}\mathrm{tr}\left\{\boldsymbol{h}_{1k}\boldsymbol{h}_{2k}^{\mathrm{T}}\boldsymbol{F}_k^{\mathrm{T}}\right\}\\&=\boldsymbol{\varphi}\boldsymbol{f}^*\end{aligned} \tag{4-31}$$

式中，

$$\begin{aligned}\boldsymbol{\varphi}=&\left[p_1\mathrm{vec}^{\mathrm{H}}\left(\boldsymbol{h}_{21}^{\mathrm{H}}\right)\left(\boldsymbol{I}_N\otimes\boldsymbol{h}_{11}^{\mathrm{T}}\right)+p_2\mathrm{vec}^{\mathrm{H}}\left(\boldsymbol{h}_{11}^{\mathrm{H}}\right)\left(\boldsymbol{I}_N\otimes\boldsymbol{h}_{21}^{\mathrm{T}}\right),\cdots,p_1\mathrm{vec}^{\mathrm{H}}\left(\boldsymbol{h}_{2K}^{\mathrm{H}}\right)\left(\boldsymbol{I}_N\otimes\boldsymbol{h}_{1K}^{\mathrm{T}}\right)\right.\\&\left.+p_2\mathrm{vec}^{\mathrm{H}}\left(\boldsymbol{h}_{1K}^{\mathrm{H}}\right)\left(\boldsymbol{I}_N\otimes\boldsymbol{h}_{2K}^{\mathrm{T}}\right)\right]\end{aligned}$$

将式（4-31）代入式（4-30），可得等价的代价函数如下：

$$
\begin{aligned}
\tilde{J} &= \boldsymbol{h}_2^{\mathrm{T}}\boldsymbol{F}\boldsymbol{R}_1\boldsymbol{F}^{\mathrm{H}}\boldsymbol{h}_2^* - \boldsymbol{h}_1^{\mathrm{H}}\boldsymbol{F}^{\mathrm{H}}\boldsymbol{h}_2^* p_1 + \boldsymbol{h}_1^{\mathrm{T}}\boldsymbol{F}\boldsymbol{R}_2\boldsymbol{F}^{\mathrm{H}}\boldsymbol{h}_1^* - \boldsymbol{h}_2^{\mathrm{H}}\boldsymbol{F}^{\mathrm{H}}\boldsymbol{h}_1^* p_2 \\
&\quad - \boldsymbol{h}_2^{\mathrm{T}}\boldsymbol{F}\boldsymbol{h}_1 p_1 - \boldsymbol{h}_1^{\mathrm{T}}\boldsymbol{F}\boldsymbol{h}_2 p_2 + \left(p_1 + \sigma_2^2 + p_2 + \sigma_1^2\right) \\
&= \boldsymbol{f}^{\mathrm{H}}\underbrace{\left(p_1\boldsymbol{a}_1^{\mathrm{H}}\boldsymbol{a}_1 + \sigma_3^2\boldsymbol{A}^{\mathrm{H}}\boldsymbol{A} + p_2\boldsymbol{b}_1^{\mathrm{H}}\boldsymbol{b}_1 + \sigma_3^2\boldsymbol{B}^{\mathrm{H}}\boldsymbol{B}\right)}_{\tilde{\boldsymbol{A}}}\boldsymbol{f} \\
&\quad - \underbrace{\left(p_1\boldsymbol{a}_2 + p_2\boldsymbol{b}_2\right)}_{\tilde{\boldsymbol{a}}}\boldsymbol{f} - \varphi\boldsymbol{f}^* + \left(p_1 + \sigma_2^2 + p_2 + \sigma_1^2\right)
\end{aligned}
\tag{4-32}
$$

由式（4-32）和式（4-22）可得式（4-6）的等价形式如下：

$$
\begin{aligned}
&\min_{\boldsymbol{f}} \quad \tilde{J} = \boldsymbol{f}^{\mathrm{H}}\tilde{\boldsymbol{A}}\boldsymbol{f} - \tilde{\boldsymbol{a}}\boldsymbol{f} - \varphi\boldsymbol{f}^* + \left(p_1 + \sigma_2^2 + p_2 + \sigma_1^2\right) \\
&\text{s.t.} \quad \boldsymbol{f}^{\mathrm{H}}\tilde{\boldsymbol{V}}\boldsymbol{f} = p_3
\end{aligned}
\tag{4-33}
$$

针对式（4-33），由于 $\tilde{\boldsymbol{A}}$ 是半正定矩阵，因此式（4-33）是等式约束下的凸优化问题，满足 KKT（Karush-Kuhn-Tucker）条件，可以使用拉格朗日乘子法得到最优解，即所得 $\boldsymbol{f}$ 是并行 MIMO 中继双向转发方案的最优解。

证毕。

4.4 部分信道状态信息下的双向中继协作转发方案设计

4.3 节通过对上行链路和下行链路进行联合优化，得到最优的并行 MIMO 双向中继协作转发方案。然而，该方案只适用于固定中继且低速移动用户的通信场景，这是因为在实际通信中，用户可能是高速移动的并且中继也处于游移状态，此时中继通常难以获得全部信道状态信息，从而导致无法确定上文推导出的最优转发方案 $\boldsymbol{f}$。考虑到实际的通信系统，本节将基于所提最优方案，针对游移中继和高速移动用户这两种通信场景，分别提出并行 MIMO 双向中继协作转发方案的鲁棒性实现方案，这两个鲁棒性的方案只需要部分信道信息即可达到双向中继协作转发的效果。

4.4.1 部分信道状态信息——情形 1（PCSI-1）

首先研究当用户处于高速移动状态时的通信场景。在该场景下，中继只有来自基站（S_1）的全部信道状态信息及来自用户（S_2）的信道统计信息。由于多个中继分布在不同的地理位置上，因此不同中继与 S_2 之间的信道是统计独立的。

由于中继难以获得用户的瞬时信道信息，因此首先应该对式（4-6）中的代价函数和约束条件关于 $\boldsymbol{h}_2$ 进行统计平均，然后利用拉格朗日乘子法进行求解。下面的公式推导所需的基本公式请参考文献[99]。利用拉格朗日乘子法得 $\boldsymbol{f}^{\mathrm{I}}$ 为

$$\boldsymbol{f}^{\mathrm{I}}=\left\{\left(\underset{\boldsymbol{h}_2}{\mathbb{E}}\left\{\tilde{\boldsymbol{A}}\right\}+\lambda\underset{\boldsymbol{h}_2}{\mathbb{E}}\left\{\tilde{\boldsymbol{V}}\right\}\right)^{-1}\right\}^{\mathrm{H}}\left(\underset{\boldsymbol{h}_2}{\mathbb{E}}\left\{\tilde{\boldsymbol{a}}\right\}\right)^{\mathrm{H}} \tag{4-34}$$

下面的任务是分别计算式（4-34）中的 $\underset{\boldsymbol{h}_2}{\mathbb{E}}\left\{\tilde{\boldsymbol{A}}\right\}$、$\underset{\boldsymbol{h}_2}{\mathbb{E}}\left\{\tilde{\boldsymbol{V}}\right\}$ 和 $\underset{\boldsymbol{h}_2}{\mathbb{E}}\left\{\tilde{\boldsymbol{a}}\right\}$。首先由式（4-23）中定义可得

$$\underset{\boldsymbol{h}_2}{\mathbb{E}}\left\{\tilde{\boldsymbol{A}}\right\}=p_1\underset{\boldsymbol{h}_2}{\mathbb{E}}\left\{\boldsymbol{a}_1^{\mathrm{H}}\boldsymbol{a}_1\right\}+\sigma_3^2\underset{\boldsymbol{h}_2}{\mathbb{E}}\left\{\boldsymbol{A}^{\mathrm{H}}\boldsymbol{A}\right\}+p_2\underset{\boldsymbol{h}_2}{\mathbb{E}}\left\{\boldsymbol{b}_1^{\mathrm{H}}\boldsymbol{b}_1\right\}+\sigma_3^2\underset{\boldsymbol{h}_2}{\mathbb{E}}\left\{\boldsymbol{B}^{\mathrm{H}}\boldsymbol{B}\right\} \tag{4-35}$$

由式（4-10），可得式（4-35）中的第一项为

$$p_1\underset{\boldsymbol{h}_2}{\mathbb{E}}\left\{\boldsymbol{a}_1^{\mathrm{H}}\boldsymbol{a}_1\right\}=p_1\begin{bmatrix}\underset{\boldsymbol{h}_2}{\mathbb{E}}\left\{\boldsymbol{h}_{2,1}\boldsymbol{h}_{2,1}^{\mathrm{H}}\right\}\otimes\left(\boldsymbol{h}_{1,1}\boldsymbol{h}_{1,1}^{\mathrm{H}}\right) & \cdots & \underset{\boldsymbol{h}_2}{\mathbb{E}}\left\{\boldsymbol{h}_{2,1}\boldsymbol{h}_{2,K}^{\mathrm{H}}\right\}\otimes\left(\boldsymbol{h}_{1,1}\boldsymbol{h}_{1,K}^{\mathrm{H}}\right)\\ \vdots & \underset{\boldsymbol{h}_2}{\mathbb{E}}\left\{\boldsymbol{h}_{2,k}\boldsymbol{h}_{2,k}^{\mathrm{H}}\right\}\otimes\left(\boldsymbol{h}_{1,k}\boldsymbol{h}_{1,k}^{\mathrm{H}}\right) & \vdots\\ \underset{\boldsymbol{h}_2}{\mathbb{E}}\left\{\boldsymbol{h}_{2,K}\boldsymbol{h}_{2,1}^{\mathrm{H}}\right\}\otimes\left(\boldsymbol{h}_{1,K}\boldsymbol{h}_{1,1}^{\mathrm{H}}\right) & \cdots & \underset{\boldsymbol{h}_2}{\mathbb{E}}\left\{\boldsymbol{h}_{2,K}\boldsymbol{h}_{2,K}^{\mathrm{H}}\right\}\otimes\left(\boldsymbol{h}_{1,K}\boldsymbol{h}_{1,K}^{\mathrm{H}}\right)\end{bmatrix} \tag{4-36}$$

式中，

$$\begin{aligned}\left(\boldsymbol{h}_{2,k}^{\mathrm{H}}\otimes\boldsymbol{h}_{1,k}^{\mathrm{H}}\right)^{\mathrm{H}}\left(\boldsymbol{h}_{2,k}^{\mathrm{H}}\otimes\boldsymbol{h}_{1,k}^{\mathrm{H}}\right)&=\left(\boldsymbol{h}_{2,k}\otimes\boldsymbol{h}_{1,k}\right)\left(\boldsymbol{h}_{2,k}^{\mathrm{H}}\otimes\boldsymbol{h}_{1,k}^{\mathrm{H}}\right)\\&=\left(\boldsymbol{h}_{2,k}\boldsymbol{h}_{2,k}^{\mathrm{H}}\right)\otimes\left(\boldsymbol{h}_{1,k}\boldsymbol{h}_{1,k}^{\mathrm{H}}\right)\end{aligned}$$

同时：

$$\begin{cases}\underset{\boldsymbol{h}_2}{\mathbb{E}}\left\{\boldsymbol{h}_{2,k}\boldsymbol{h}_{2,k}^{\mathrm{H}}\right\}=\boldsymbol{\Sigma}_{2,k}+\boldsymbol{m}_{2,k}\boldsymbol{m}_{2,k}^{\mathrm{H}}\triangleq\boldsymbol{R}_{2,k}\\ \underset{\boldsymbol{h}_2,k\neq j}{\mathbb{E}}\left\{\boldsymbol{h}_{2,k}\boldsymbol{h}_{2,j}^{\mathrm{H}}\right\}=\boldsymbol{m}_{2,k}\boldsymbol{m}_{2,j}^{\mathrm{H}}\end{cases} \tag{4-37}$$

式中，$\boldsymbol{h}_{2,k}\sim\mathrm{CN}\left(\boldsymbol{m}_{2,k},\boldsymbol{\Sigma}_{2,k}\right)$。

将式（4-37）代入式（4-36）中，可得

$$\begin{aligned}p_1\underset{\boldsymbol{h}_2}{\mathbb{E}}\left\{\boldsymbol{a}_1^{\mathrm{H}}\boldsymbol{a}_1\right\}&=p_1\begin{bmatrix}\boldsymbol{R}_{2,1}\otimes\left(\boldsymbol{h}_{1,1}\boldsymbol{h}_{1,1}^{\mathrm{H}}\right) & \cdots & \left(\boldsymbol{m}_{2,1}\boldsymbol{m}_{2,K}^{\mathrm{H}}\right)\otimes\left(\boldsymbol{h}_{1,1}\boldsymbol{h}_{1,K}^{\mathrm{H}}\right)\\ \vdots & \boldsymbol{R}_{2,k}\otimes\left(\boldsymbol{h}_{1,k}\boldsymbol{h}_{1,k}^{\mathrm{H}}\right) & \vdots\\ \left(\boldsymbol{m}_{2,K}\boldsymbol{m}_{2,1}^{\mathrm{H}}\right)\otimes\left(\boldsymbol{h}_{1,K}\boldsymbol{h}_{1,1}^{\mathrm{H}}\right) & \cdots & \boldsymbol{R}_{2,K}\otimes\left(\boldsymbol{h}_{1,K}\boldsymbol{h}_{1,K}^{\mathrm{H}}\right)\end{bmatrix}\\&\triangleq\boldsymbol{R}_{\boldsymbol{a}_1}^{\mathrm{I}}\end{aligned} \tag{4-38}$$

由式（4-11），可得式（4-35）中的第二项为

$$\begin{aligned}\sigma_3^2\underset{\boldsymbol{h}_2}{\mathbb{E}}\left\{\boldsymbol{A}^{\mathrm{H}}\boldsymbol{A}\right\}&=\sigma_3^2\underset{\boldsymbol{h}_2}{\mathbb{E}}\left\{\mathrm{blkdiag}\left\{\left(\boldsymbol{h}_{2,1}\boldsymbol{h}_{2,1}^{\mathrm{H}}\right)\otimes\boldsymbol{I}_N,\cdots,\left(\boldsymbol{h}_{2,K}\boldsymbol{h}_{2,K}^{\mathrm{H}}\right)\otimes\boldsymbol{I}_N\right\}\right\}\\&=\sigma_3^2\mathrm{blkdiag}\left\{\boldsymbol{R}_{2,1}\otimes\boldsymbol{I}_N,\cdots,\boldsymbol{R}_{2,K}\otimes\boldsymbol{I}_N\right\}\\&\triangleq\boldsymbol{R}_{\boldsymbol{A}}^{\mathrm{I}}\end{aligned} \tag{4-39}$$

由式（4-15）中的定义，可得式（4-35）中的第三项为

$$p_2 \mathop{\mathbb{E}}_{\boldsymbol{h}_2}\left\{\boldsymbol{b}_1^{\mathrm{H}}\boldsymbol{b}_1\right\} = p_2\begin{bmatrix} \left(\boldsymbol{h}_{1,1}\boldsymbol{h}_{1,1}^{\mathrm{H}}\right)\otimes\boldsymbol{R}_{2,1} & \cdots & \left(\boldsymbol{h}_{1,1}\boldsymbol{h}_{1,K}^{\mathrm{H}}\right)\otimes\left(\boldsymbol{m}_{2,1}\boldsymbol{m}_{2,K}^{\mathrm{H}}\right) \\ \vdots & \left(\boldsymbol{h}_{1,k}\boldsymbol{h}_{1,k}^{\mathrm{H}}\right)\otimes\boldsymbol{R}_{2,k} & \vdots \\ \left(\boldsymbol{h}_{1,K}\boldsymbol{h}_{1,1}^{\mathrm{H}}\right)\otimes\left(\boldsymbol{m}_{2,K}\boldsymbol{m}_{2,1}^{\mathrm{H}}\right) & \cdots & \left(\boldsymbol{h}_{1,K}\boldsymbol{h}_{1,K}^{\mathrm{H}}\right)\otimes\boldsymbol{R}_{2,K} \end{bmatrix} \triangleq \boldsymbol{R}_{\boldsymbol{b}_1}^{\mathrm{I}} \tag{4-40}$$

由式（4-16）可知，式（4-35）中的第四项没有 $\boldsymbol{h}_2$，因此不需要统计平均值。将式（4-38）～式（4-40）代入式（4-35），可得

$$\begin{aligned}\mathop{\mathbb{E}}_{\boldsymbol{h}_2}\left\{\tilde{\boldsymbol{A}}\right\} &= \boldsymbol{R}_{\boldsymbol{a}_1}^{\mathrm{I}} + \boldsymbol{R}_{\boldsymbol{A}}^{\mathrm{I}} + \boldsymbol{R}_{\boldsymbol{b}_1}^{\mathrm{I}} + \sigma_3^2\boldsymbol{B}^{\mathrm{H}}\boldsymbol{B} \\ &= \sigma_3^2\mathrm{blkdiag}\left\{\left(\boldsymbol{R}_{2,1}+\boldsymbol{h}_{1,1}\boldsymbol{h}_{1,1}^{\mathrm{H}}\right)\otimes\boldsymbol{I}_N,\cdots,\left(\boldsymbol{R}_{2,K}+\boldsymbol{h}_{1,K}\boldsymbol{h}_{1,K}^{\mathrm{H}}\right)\otimes\boldsymbol{I}_N\right\} \\ &+ p_1\begin{bmatrix} \boldsymbol{R}_{2,1}\otimes\left(\boldsymbol{h}_{1,1}\boldsymbol{h}_{1,1}^{\mathrm{H}}\right) & \cdots & \left(\boldsymbol{m}_{2,1}\boldsymbol{m}_{2,K}^{\mathrm{H}}\right)\otimes\left(\boldsymbol{h}_{1,1}\boldsymbol{h}_{1,K}^{\mathrm{H}}\right) \\ \vdots & \boldsymbol{R}_{2,k}\otimes\left(\boldsymbol{h}_{1,k}\boldsymbol{h}_{1,k}^{\mathrm{H}}\right) & \vdots \\ \left(\boldsymbol{m}_{2,K}\boldsymbol{m}_{2,1}^{\mathrm{H}}\right)\otimes\left(\boldsymbol{h}_{1,K}\boldsymbol{h}_{1,1}^{\mathrm{H}}\right) & \cdots & \boldsymbol{R}_{2,K}\otimes\left(\boldsymbol{h}_{1,K}\boldsymbol{h}_{1,K}^{\mathrm{H}}\right) \end{bmatrix} \\ &+ p_2\begin{bmatrix} \left(\boldsymbol{h}_{1,1}\boldsymbol{h}_{1,1}^{\mathrm{H}}\right)\otimes\boldsymbol{R}_{2,1} & \cdots & \left(\boldsymbol{h}_{1,1}\boldsymbol{h}_{1,K}^{\mathrm{H}}\right)\otimes\left(\boldsymbol{m}_{2,1}\boldsymbol{m}_{2,K}^{\mathrm{H}}\right) \\ \vdots & \left(\boldsymbol{h}_{1,k}\boldsymbol{h}_{1,k}^{\mathrm{H}}\right)\otimes\boldsymbol{R}_{2,k} & \vdots \\ \left(\boldsymbol{h}_{1,K}\boldsymbol{h}_{1,1}^{\mathrm{H}}\right)\otimes\left(\boldsymbol{m}_{2,K}\boldsymbol{m}_{2,1}^{\mathrm{H}}\right) & \cdots & \left(\boldsymbol{h}_{1,K}\boldsymbol{h}_{1,K}^{\mathrm{H}}\right)\otimes\boldsymbol{R}_{2,K} \end{bmatrix}\end{aligned} \tag{4-41}$$

求解 $\mathop{\mathbb{E}}_{\boldsymbol{h}_2}\left\{\tilde{\boldsymbol{V}}\right\}$，由式（4-19）可得

$$\mathop{\mathbb{E}}_{\boldsymbol{h}_2}\left\{\tilde{\boldsymbol{V}}\right\} = p_1\boldsymbol{V}^{\mathrm{H}}\boldsymbol{V} + p_2\mathop{\mathbb{E}}_{\boldsymbol{h}_2}\left\{\boldsymbol{S}^{\mathrm{H}}\boldsymbol{S}\right\} + \sigma_3^2\boldsymbol{I}_{KN^2} \tag{4-42}$$

由式（4-20）的定义可得 $\mathop{\mathbb{E}}_{\boldsymbol{h}_2}\left\{p_1\boldsymbol{V}^{\mathrm{H}}\boldsymbol{V}\right\} = p_1\boldsymbol{V}^{\mathrm{H}}\boldsymbol{V}$ 。利用式（4-21）可得

$$p_2\mathop{\mathbb{E}}_{\boldsymbol{h}_2}\left\{\boldsymbol{S}^{\mathrm{H}}\boldsymbol{S}\right\} = p_2\mathrm{blkdiag}\left\{\boldsymbol{I}_N\otimes\boldsymbol{R}_{2,1},\cdots,\boldsymbol{I}_N\otimes\boldsymbol{R}_{2,K}\right\} \triangleq \boldsymbol{R}_{\boldsymbol{S}}^{\mathrm{I}} \tag{4-43}$$

将式（4-43）代入式（4-42），可得

$$\mathop{\mathbb{E}}_{\boldsymbol{h}_2}\left\{\tilde{\boldsymbol{V}}\right\} = \mathrm{blkdiag}\left\{\boldsymbol{I}_N\otimes\left(p_1\boldsymbol{h}_{1,1}\boldsymbol{h}_{1,1}^{\mathrm{H}}+p_2\boldsymbol{R}_{2,1}\right),\cdots,\boldsymbol{I}_N\otimes\left(p_1\boldsymbol{h}_{1,K}\boldsymbol{h}_{1,K}^{\mathrm{H}}+p_2\boldsymbol{R}_{2,K}\right)\right\} + \sigma_3^2\boldsymbol{I}_{KN^2} \tag{4-44}$$

最后求解 $\mathop{\mathbb{E}}_{\boldsymbol{h}_2}\{\tilde{\boldsymbol{a}}\}$ 。由式（4-22）中的定义及式（4-13）和式（4-18）可得 $\tilde{\boldsymbol{a}}$ 关于 $\boldsymbol{h}_2$ 的统计平均值，为

$$\begin{aligned}\mathop{\mathbb{E}}_{\boldsymbol{h}_2}\{\tilde{\boldsymbol{a}}\} &= \left[p_1\boldsymbol{m}_{2,1}^{\mathrm{H}}\left(\boldsymbol{I}_N\otimes\boldsymbol{h}_{1,1}^{\mathrm{H}}\right)+p_2\boldsymbol{h}_{1,1}^{\mathrm{H}}\left(\boldsymbol{I}_N\otimes\boldsymbol{m}_{2,1}^{\mathrm{H}}\right),\cdots,p_1\boldsymbol{m}_{2,K}^{\mathrm{H}}\left(\boldsymbol{I}_N\otimes\boldsymbol{h}_{1,K}^{\mathrm{H}}\right)+p_2\boldsymbol{h}_{1,K}^{\mathrm{H}}\left(\boldsymbol{I}_N\otimes\boldsymbol{m}_{2,K}^{\mathrm{H}}\right)\right] \\ &\triangleq \tilde{\boldsymbol{a}}^{\mathrm{I}}\end{aligned} \tag{4-45}$$

至此，将式（4-42）、式（4-44）、式（4-45）代入式（4-34），可得 $\boldsymbol{f}^{\mathrm{I}}$。其中，式（4-34）中的拉格朗日乘子 λ 用来使 $\boldsymbol{f}^{\mathrm{I}}$ 满足功率约束，即 $\left(\boldsymbol{f}^{\mathrm{I}}\right)^{\mathrm{H}}\underset{\boldsymbol{h}_2}{\mathbb{E}}\left\{\tilde{\boldsymbol{V}}\right\}\boldsymbol{f}^{\mathrm{I}}=p_3$。类似于式(4-25)～式（4-28），进行 EVD 分解，得

$$\left(\underset{\boldsymbol{h}_2}{\mathbb{E}}\left\{\tilde{\boldsymbol{V}}\right\}\right)^{-\frac{1}{2}}\underset{\boldsymbol{h}_2}{\mathbb{E}}\left\{\tilde{\boldsymbol{A}}\right\}\left(\underset{\boldsymbol{h}_2}{\mathbb{E}}\left\{\tilde{\boldsymbol{V}}\right\}\right)^{-\frac{1}{2}}=\boldsymbol{U}_2^{\mathrm{I}}\,\boldsymbol{\Lambda}_2^{\mathrm{I}}\left(\boldsymbol{U}_2^{\mathrm{I}}\right)^{\mathrm{H}}$$

式中，$\boldsymbol{U}_2^{\mathrm{I}}$ 为酉矩阵，$\boldsymbol{\Lambda}_2^{\mathrm{I}}$ 为对角矩阵，进而得到关于 λ 的约束如下：

$$\begin{aligned}&\left(\left(\boldsymbol{U}_2^{\mathrm{I}}\right)^{\mathrm{H}}\left(\underset{\boldsymbol{h}_2}{\mathbb{E}}\left\{\tilde{\boldsymbol{V}}\right\}\right)^{-\frac{1}{2}}\left(\tilde{\boldsymbol{a}}^{\mathrm{I}}\right)^{\mathrm{H}}\right)^{\mathrm{H}}\left(\boldsymbol{\Lambda}_2^{\mathrm{I}}+\lambda\boldsymbol{I}_{KN^2}\right)^{-2}\underbrace{\left(\left(\boldsymbol{U}_2^{\mathrm{I}}\right)^{\mathrm{H}}\left(\underset{\boldsymbol{h}_2}{\mathbb{E}}\left\{\tilde{\boldsymbol{V}}\right\}\right)^{-\frac{1}{2}}\left(\tilde{\boldsymbol{a}}^{\mathrm{I}}\right)^{\mathrm{H}}\right)}_{\boldsymbol{d}^{I}}\\&=\sum_{i=1}^{KN^2}\left|d_i^{\mathrm{I}}\right|^2\left(\lambda+\alpha_i^{\mathrm{I}}\right)^{-2}\\&=p_3\end{aligned}\tag{4-46}$$

式中，d_i^{I} 和 α_i^{I} 分别为列向量 $\boldsymbol{d}^{\mathrm{I}}$ 和对角矩阵 $\boldsymbol{\Lambda}_2^{\mathrm{I}}$ 的第 i 个分量。通过搜索式（4-46），可得相应的 λ 数值大小，进而将 λ 的数值代入式（4-34），得到最终的 $\boldsymbol{f}^{\mathrm{I}}$。

4.4.2　部分信道状态信息——情形 2（PCSI-2）

4.4.1 小节研究了当用户处于高速移动时的通信情形，下面将研究中继本身也处于游移状态时的通信场景。在该通信场景下，中继通常难以获得来自基站或用户的瞬时信道信息，而只能获得信道的统计信息。类似于 4.4.1 小节的讨论，利用拉格朗日乘子法可得

$$\boldsymbol{f}^{\mathrm{II}}=\left\{\left(\underset{\boldsymbol{h}_1,\boldsymbol{h}_2}{\mathbb{E}}\left\{\tilde{\boldsymbol{A}}\right\}+\lambda\underset{\boldsymbol{h}_1,\boldsymbol{h}_2}{\mathbb{E}}\left\{\tilde{\boldsymbol{V}}\right\}\right)^{-1}\right\}^{\mathrm{H}}\left(\underset{\boldsymbol{h}_1,\boldsymbol{h}_2}{\mathbb{E}}\left\{\tilde{\boldsymbol{a}}\right\}\right)^{\mathrm{H}}\tag{4-47}$$

下面将分别求解式（4-47）中的 $\underset{\boldsymbol{h}_1,\boldsymbol{h}_2}{\mathbb{E}}\left\{\tilde{\boldsymbol{A}}\right\}$、$\underset{\boldsymbol{h}_1,\boldsymbol{h}_2}{\mathbb{E}}\left\{\tilde{\boldsymbol{V}}\right\}$ 和 $\underset{\boldsymbol{h}_1,\boldsymbol{h}_2}{\mathbb{E}}\left\{\tilde{\boldsymbol{a}}\right\}$。由式（4-10）和式（4-36）可得

$$\begin{aligned}p_1\underset{\boldsymbol{h}_1,\boldsymbol{h}_2}{\mathbb{E}}\left\{\boldsymbol{a}_1^{\mathrm{H}}\boldsymbol{a}_1\right\}&=p_1\underset{\boldsymbol{h}_1}{\mathbb{E}}\left\{\underset{\boldsymbol{h}_2}{\mathbb{E}}\left\{\boldsymbol{a}_1^{\mathrm{H}}\boldsymbol{a}_1\right\}\right\}\\&=p_1\begin{bmatrix}\boldsymbol{R}_{2,1}\otimes\boldsymbol{R}_{1,1}&\cdots&\left(\boldsymbol{m}_{2,1}\boldsymbol{m}_{2,K}^{\mathrm{H}}\right)\otimes\left(\boldsymbol{m}_{1,1}\boldsymbol{m}_{1,K}^{\mathrm{H}}\right)\\\vdots&\boldsymbol{R}_{2,k}\otimes\boldsymbol{R}_{1,k}&\vdots\\\left(\boldsymbol{m}_{2,K}\boldsymbol{m}_{2,1}^{\mathrm{H}}\right)\otimes\left(\boldsymbol{m}_{1,K}\boldsymbol{m}_{1,1}^{\mathrm{H}}\right)&\cdots&\boldsymbol{R}_{2,K}\otimes\boldsymbol{R}_{1,K}\end{bmatrix}\\&\triangleq\boldsymbol{R}_{\boldsymbol{a}_1}^{\mathrm{II}}\end{aligned}\tag{4-48}$$

式中，

$$\boldsymbol{R}_{1,k} \triangleq \underset{\boldsymbol{h}_1}{\mathbb{E}}\left\{\boldsymbol{h}_{1,k}\boldsymbol{h}_{1,k}^{\mathrm{H}}\right\} = \boldsymbol{\Sigma}_{1,k} + \boldsymbol{m}_{1,k}\boldsymbol{m}_{1,k}^{\mathrm{H}}$$

$$\underset{\boldsymbol{h}_1, k\neq j}{\mathbb{E}}\left\{\boldsymbol{h}_{1,k}\boldsymbol{h}_{1,j}^{\mathrm{H}}\right\} = \boldsymbol{m}_{1,k}\boldsymbol{m}_{1,j}^{\mathrm{H}}$$

由式（4-15）和式（4-40）可得

$$\begin{aligned} p_2 \underset{\boldsymbol{h}_1,\boldsymbol{h}_2}{\mathbb{E}}\left\{\boldsymbol{b}_1^{\mathrm{H}}\boldsymbol{b}_1\right\} &= p_2 \underset{\boldsymbol{h}_1}{\mathbb{E}}\left\{\underset{\boldsymbol{h}_2}{\mathbb{E}}\left\{\boldsymbol{b}_1^{\mathrm{H}}\boldsymbol{b}_1\right\}\right\} \\ &= p_2\begin{bmatrix} \boldsymbol{R}_{1,1}\otimes\boldsymbol{R}_{2,1} & \cdots & \left(\boldsymbol{m}_{1,1}\boldsymbol{m}_{1,K}^{\mathrm{H}}\right)\otimes\left(\boldsymbol{m}_{2,1}\boldsymbol{m}_{2,K}^{\mathrm{H}}\right) \\ \vdots & \boldsymbol{R}_{1,k}\otimes\boldsymbol{R}_{2,k} & \vdots \\ \left(\boldsymbol{m}_{1,K}\boldsymbol{m}_{1,1}^{\mathrm{H}}\right)\otimes\left(\boldsymbol{m}_{2,K}\boldsymbol{m}_{2,1}^{\mathrm{H}}\right) & \cdots & \boldsymbol{R}_{1,K}\otimes\boldsymbol{R}_{2,K} \end{bmatrix} \\ &\triangleq \boldsymbol{R}_{\boldsymbol{b}_1}^{\mathrm{II}} \end{aligned} \tag{4-49}$$

由式（4-16）可得

$$\underset{\boldsymbol{h}_1,\boldsymbol{h}_2}{\mathbb{E}}\left\{\sigma_3^2\boldsymbol{B}^{\mathrm{H}}\boldsymbol{B}\right\} = \sigma_3^2\mathrm{blkdiag}\left\{\boldsymbol{R}_{1,1}\otimes\boldsymbol{I}_N,\cdots,\boldsymbol{R}_{1,K}\otimes\boldsymbol{I}_N\right\} \triangleq \boldsymbol{R}_{\boldsymbol{B}}^{\mathrm{II}} \tag{4-50}$$

由式（4-50）可得

$$\sigma_3^2 \underset{\boldsymbol{h}_1,\boldsymbol{h}_2}{\mathbb{E}}\left\{\boldsymbol{A}^{\mathrm{H}}\boldsymbol{A}\right\} = \sigma_3^2 \underset{\boldsymbol{h}_2}{\mathbb{E}}\left\{\boldsymbol{A}^{\mathrm{H}}\boldsymbol{A}\right\} = \boldsymbol{R}_{\boldsymbol{A}}^{\mathrm{I}} \tag{4-51}$$

至此，将式（4-48）～式（4-51）代入 $\underset{\boldsymbol{h}_1,\boldsymbol{h}_2}{\mathbb{E}}\left\{\tilde{\boldsymbol{A}}\right\}$ 中，得

$$\begin{aligned} \underset{\boldsymbol{h}_1,\boldsymbol{h}_2}{\mathbb{E}}\left\{\tilde{\boldsymbol{A}}\right\} &= \underset{\boldsymbol{h}_1}{\mathbb{E}}\left\{\underset{\boldsymbol{h}_2}{\mathbb{E}}\left\{\tilde{\boldsymbol{A}}\right\}\right\} = \boldsymbol{R}_{\boldsymbol{a}_1}^{\mathrm{II}} + \boldsymbol{R}_{\boldsymbol{A}}^{\mathrm{I}} + \boldsymbol{R}_{\boldsymbol{b}_1}^{\mathrm{II}} + \boldsymbol{R}_{\boldsymbol{B}}^{\mathrm{II}} \\ &= \sigma_3^2\mathrm{blkdiag}\left\{\left(\boldsymbol{R}_{1,1}+\boldsymbol{R}_{2,1}\right)\otimes\boldsymbol{I}_N,\cdots,\left(\boldsymbol{R}_{1,K}+\boldsymbol{R}_{2,K}\right)\otimes\boldsymbol{I}_N\right\} \\ &\quad + p_1\begin{bmatrix} \boldsymbol{R}_{2,1}\otimes\boldsymbol{R}_{1,1} & \cdots & \left(\boldsymbol{m}_{2,1}\boldsymbol{m}_{2,K}^{H}\right)\otimes\left(\boldsymbol{m}_{1,1}\boldsymbol{m}_{1,K}^{\mathrm{H}}\right) \\ \vdots & \boldsymbol{R}_{2,k}\otimes\boldsymbol{R}_{1,k} & \vdots \\ \left(\boldsymbol{m}_{2,K}\boldsymbol{m}_{2,1}^{\mathrm{H}}\right)\otimes\left(\boldsymbol{m}_{1,K}\boldsymbol{m}_{1,1}^{\mathrm{H}}\right) & \cdots & \boldsymbol{R}_{2,K}\otimes\boldsymbol{R}_{1,K} \end{bmatrix} \\ &\quad + p_2\begin{bmatrix} \boldsymbol{R}_{1,1}\otimes\boldsymbol{R}_{2,1} & \cdots & \left(\boldsymbol{m}_{1,1}\boldsymbol{m}_{1,K}^{\mathrm{H}}\right)\otimes\left(\boldsymbol{m}_{2,1}\boldsymbol{m}_{2,K}^{\mathrm{H}}\right) \\ \vdots & \boldsymbol{R}_{1,k}\otimes\boldsymbol{R}_{2,k} & \vdots \\ \left(\boldsymbol{m}_{1,K}\boldsymbol{m}_{1,1}^{\mathrm{H}}\right)\otimes\left(\boldsymbol{m}_{2,K}\boldsymbol{m}_{2,1}^{\mathrm{H}}\right) & \cdots & \boldsymbol{R}_{1,K}\otimes\boldsymbol{R}_{2,K} \end{bmatrix} \end{aligned} \tag{4-52}$$

然后，利用式（4-20）、式（4-21）和式（4-42）可得

$$\underset{\boldsymbol{h}_1,\boldsymbol{h}_2}{\mathbb{E}}\left\{\tilde{\boldsymbol{V}}\right\} = \underset{\boldsymbol{h}_1}{\mathbb{E}}\left\{\underset{\boldsymbol{h}_2}{\mathbb{E}}\left\{\tilde{\boldsymbol{V}}\right\}\right\} = \underset{\boldsymbol{h}_1}{\mathbb{E}}\left\{p_1\boldsymbol{V}^{\mathrm{H}}\boldsymbol{V} + \boldsymbol{R}_{\boldsymbol{S}}^{\mathrm{I}} + \sigma_3^2\boldsymbol{I}_{KN^2}\right\} = \underset{\boldsymbol{h}_1}{\mathbb{E}}\left\{p_1\boldsymbol{V}^{\mathrm{H}}\boldsymbol{V}\right\} + \boldsymbol{R}_{\boldsymbol{S}}^{\mathrm{I}} + \sigma_3^2\boldsymbol{I}_{KN^2} \tag{4-53}$$

由式（4-20）中定义可得

$$\underset{h_1}{\mathbb{E}}\left\{p_1\boldsymbol{V}^{\mathrm{H}}\boldsymbol{V}\right\}=p_1\mathrm{blkdiag}\left\{\left(\boldsymbol{I}_N\otimes\boldsymbol{R}_{1,1}\right),\cdots,\left(\boldsymbol{I}_N\otimes\boldsymbol{R}_{1,K}\right)\right\}\triangleq\boldsymbol{R}_V^{\mathrm{II}} \tag{4-54}$$

将式（4-54）代入式（4-53）可得

$$\underset{h_1,h_2}{\mathbb{E}}\left\{\tilde{\boldsymbol{V}}\right\}=\mathrm{blkdiag}\left\{\boldsymbol{I}_N\otimes\left(p_1\boldsymbol{R}_{1,1}+p_2\boldsymbol{R}_{2,1}\right),\cdots,\boldsymbol{I}_N\otimes\left(p_1\boldsymbol{R}_{1,K}+p_2\boldsymbol{R}_{2,K}\right)\right\}+\sigma_3^2\boldsymbol{I}_{KN^2} \tag{4-55}$$

最后，由式（4-22）中定义和式（4-45）可得

$$\begin{aligned}&\underset{h_1,h_2}{\mathbb{E}}\left\{\tilde{\boldsymbol{a}}\right\}=\underset{h_1}{\mathbb{E}}\left\{\tilde{\boldsymbol{a}}^{\mathrm{I}}\right\}\\&=\left[p_1\boldsymbol{m}_{2,1}^{\mathrm{H}}\left(\boldsymbol{I}_N\otimes\boldsymbol{m}_{1,1}^{\mathrm{H}}\right)+p_2\boldsymbol{m}_{1,1}^{\mathrm{H}}\left(\boldsymbol{I}_N\otimes\boldsymbol{m}_{2,1}^{\mathrm{H}}\right),\cdots,p_1\boldsymbol{m}_{2,K}^{\mathrm{H}}\left(\boldsymbol{I}_N\otimes\boldsymbol{m}_{1,K}^{\mathrm{H}}\right)+p_2\boldsymbol{m}_{2,1}^{\mathrm{H}}\left(\boldsymbol{I}_N\otimes\boldsymbol{m}_{2,K}^{\mathrm{H}}\right)\right]\\&\triangleq\tilde{\boldsymbol{a}}^{\mathrm{II}}\end{aligned} \tag{4-56}$$

至此，将式（4-52）、式（4-55）、式（4-56）代入式（4-47）可得 $\boldsymbol{f}^{\mathrm{II}}$。由于式（4-47）包含拉格朗日乘子 λ，因此需要求解 λ。把式（4-47）代入 $\left(\boldsymbol{f}^{\mathrm{II}}\right)^{\mathrm{H}}\underset{h_1,h_2}{\mathbb{E}}\left\{\tilde{\boldsymbol{V}}\right\}\boldsymbol{f}^{\mathrm{II}}=p_3$，得

$$\begin{aligned}&\left(\left(\boldsymbol{U}_2^{\mathrm{II}}\right)^{\mathrm{H}}\left(\underset{h_1,h_2}{\mathbb{E}}\left\{\tilde{\boldsymbol{V}}\right\}\right)^{-\frac{1}{2}}\left(\tilde{\boldsymbol{a}}^{\mathrm{II}}\right)^{\mathrm{H}}\right)^{\mathrm{H}}\left(\boldsymbol{\Lambda}_2^{\mathrm{II}}+\lambda\boldsymbol{I}_{KN^2}\right)^{-2}\underbrace{\left(\left(\boldsymbol{U}_2^{\mathrm{II}}\right)^{\mathrm{H}}\left(\underset{h_1,h_2}{\mathbb{E}}\left\{\tilde{\boldsymbol{V}}\right\}\right)^{-\frac{1}{2}}\left(\tilde{\boldsymbol{a}}^{\mathrm{II}}\right)^{\mathrm{H}}\right)}_{\boldsymbol{d}^{\mathrm{II}}}\\&=\sum_{i=1}^{KN^2}\left|d_i^{\mathrm{II}}\right|^2\left(\lambda+\alpha_i^{\mathrm{II}}\right)^{-2}\\&=p_3\end{aligned} \tag{4-57}$$

式中，d_i^{II} 和 α_i^{II} 分别为列向量 $\boldsymbol{d}^{\mathrm{II}}$ 和对角矩阵 $\boldsymbol{\Lambda}_2^{\mathrm{II}}$ 的第 i 个分量；

$$\left(\underset{h_1,h_2}{\mathbb{E}}\left\{\tilde{\boldsymbol{V}}\right\}\right)^{-\frac{1}{2}}\underset{h_1,h_2}{\mathbb{E}}\left\{\tilde{\boldsymbol{A}}\right\}\left(\underset{h_1,h_2}{\mathbb{E}}\left\{\tilde{\boldsymbol{V}}\right\}\right)^{-\frac{1}{2}}=\boldsymbol{U}_2^{\mathrm{II}}\boldsymbol{\Lambda}_2^{\mathrm{II}}\left(\boldsymbol{U}_2^{\mathrm{II}}\right)^{\mathrm{H}}$$

为相应的 EVD 分解；$\boldsymbol{U}_2^{\mathrm{II}}$ 为酉矩阵；$\boldsymbol{\Lambda}_2^{\mathrm{II}}$ 为对角矩阵。

通过搜索式（4-57）得到 λ 的大小，进而利用式（4-47）直接求得 $\boldsymbol{f}^{\mathrm{II}}$。

4.5　仿真结果与分析

本节通过计算机仿真测试所提最优方案及其两个鲁棒性实现方案的可达速率性能和误比特率（BER）性能。中继数 $K=2,3$ 或 4，每个中继上的天线数 $N=2$ 或 4。不失一般性，令 $p_1=p_2=p_3=p$ 和 $\sigma_1^2=\sigma_2^2=\sigma_3^2=\sigma_0^2$，SNR 定义为 p/σ_0^2，所有试验结果都是通过 Monte Carlo 方法得到的，调制方式是二进制相移键控（binary phase-shift keying，biphase-shift keying，BPSK）。基站（S_1）和中继之间的信道 $\boldsymbol{h}_1$ 与用户（S_2）和中继之间的信道 $\boldsymbol{h}_2$ 是统计独立的，并且都服从 Ricean 分布，即

$$h = \sqrt{\frac{m}{1+m}}\bar{h} + \sqrt{\frac{1}{1+m}}h_{\mathrm{w}} \tag{4-58}$$

式中，m 为 Ricean 因子；$\sqrt{\frac{m}{1+m}}\bar{h} = \sqrt{\frac{m}{1+m}}[1,\cdots,1]^{\mathrm{T}}$ 为信道的均值；$\sqrt{\frac{1}{1+m}}h_{\mathrm{w}}$ 为随机衰落信道；h_{w} 为空间独立的信道。式（4-58）中每个分量都服从分布 $\mathrm{CN}(0,1)$。

当 $m=0$ 时，式（4-58）变成 Rayleigh 信道。随着 m 的增大，信道的不确定性降低。

图 4.2 和图 4.3 给出了所提方案在理想信道状态信息下的误比特率性能，同时与现有方案进行了比较。图 4.2 给出了 $K=2$ 或 4 个并行 MIMO 双向中继协作传输且每个中继配有 $N=2$ 根天线的情况下，所提最优方案的误比特率性能，并比较了现有下行链路方案 $\boldsymbol{F}=\tau \mathrm{blkdiag}\left\{\boldsymbol{h}_{2,1}^{*}\boldsymbol{h}_{1,1}^{\mathrm{H}},\cdots,\boldsymbol{h}_{2,K}^{*}\boldsymbol{h}_{1,K}^{\mathrm{H}}\right\}$，其中 τ 用来满足功率约束。从图 4.2 中可以看出，由于所提方案同时对系统的上下行链路进行联合优化，因此所提方案获得了明显增益，在 BER=10^{-2} 时，所提方案在 2 个中继协作时获得大约 3dB 的增益；在 4 个双向中继协作传输时获得大约 3.5dB 的增益。图 4.3 比较了所提最优方案在不同中继数 $K=1,2$ 或 4 且每个中继的天线数是 $N=2$ 或 4 的情况下，系统误比特率性能随 SNR 的变化曲线。从图 4.3 中可以看出，当 4 个双向中继协作传输时系统的误比特率最好；而 2 个双向中继协作传输的性能基本上很接近 1 个配有 4 根天线的双向中继，这是因为 4 根天线放在同一个中继上，天线之间可以共享数据，所以性能优于同样天线总数但配置在 2 个不同中继上的情况；最差的情况是 1 个配有 2 根天线的中继，这是因为天线数对系统性能具有

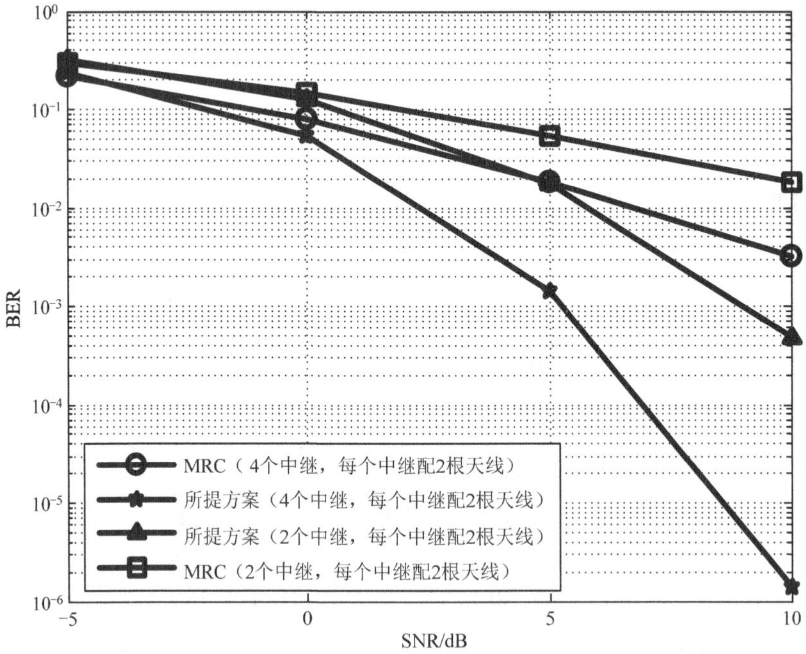

图 4.2　Ricean 因子 m=0 时所提方案及现有方案的误比特率性能

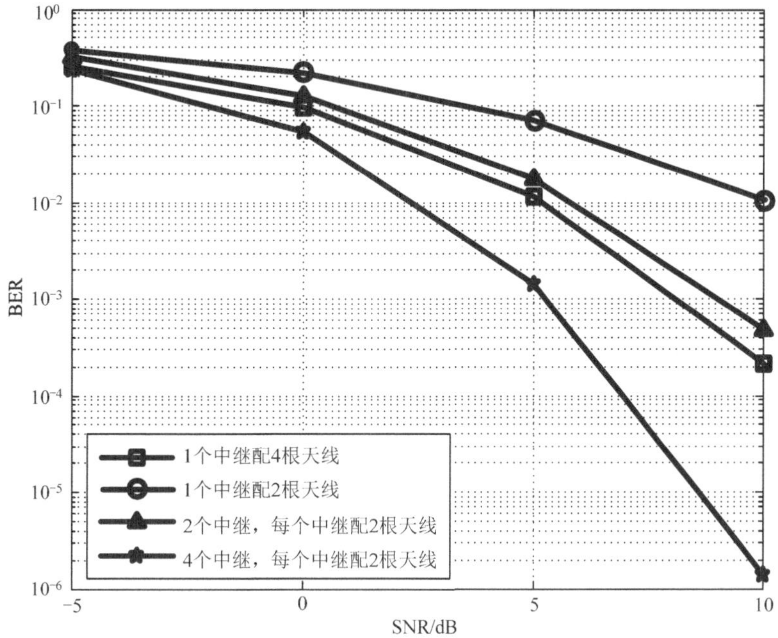

图 4.3　Ricean 因子 m=0 时所提方案在不同天线配置下的误比特率性能

明显的影响。图 4.4 给出了所提方案在所有中继都是单天线的双向通信系统中的误比特率性能。其中现有方案是单向转发协议下的多中继协作传输方案[21]，标记为 EPA+MRC。从图 4.4 中可以看出，所提方案在 2 个中继协作传输时的误比特率性能已超越了现有方案在 4 个中继协作传输下的性能；而且当使用相同数目的中继时，所提方案获得增益更为明显。

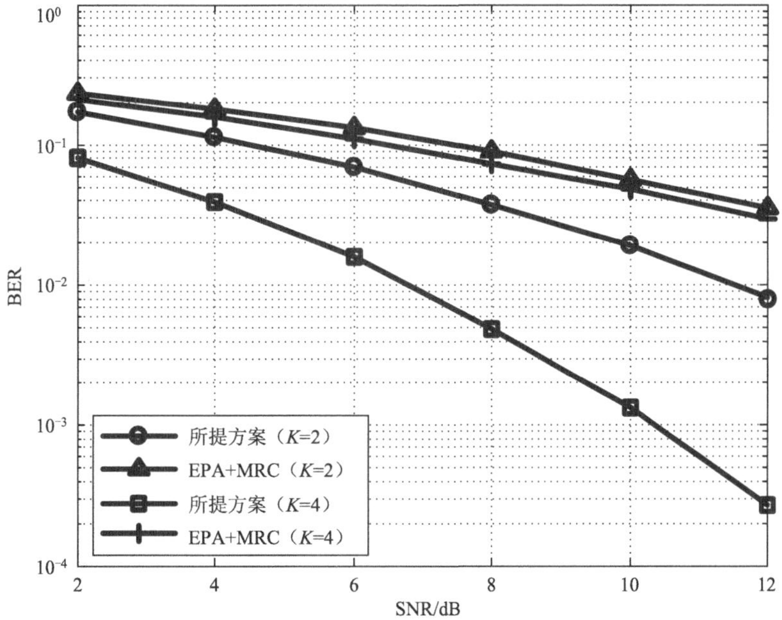

图 4.4　当所有中继都只有 1 根天线且 Ricean 因子 m=0 时系统的误比特率性能

图 4.5～图 4.7 测试了所提方案在不同中继和天线配置下的可达速率性能，其中每个图的通信场景分别对应图 4.2～图 4.4 的通信场景。从图 4.5～图 4.7 中可以看出，虽然所提方案的设计准则是均方误差最小化，然而所提方案的可达速率性能仍然得到明显的增益，这是因为所提方案通过联合优化系统的上下行链路能够整体提高系统的上行可达速率和下行可达速率之和。

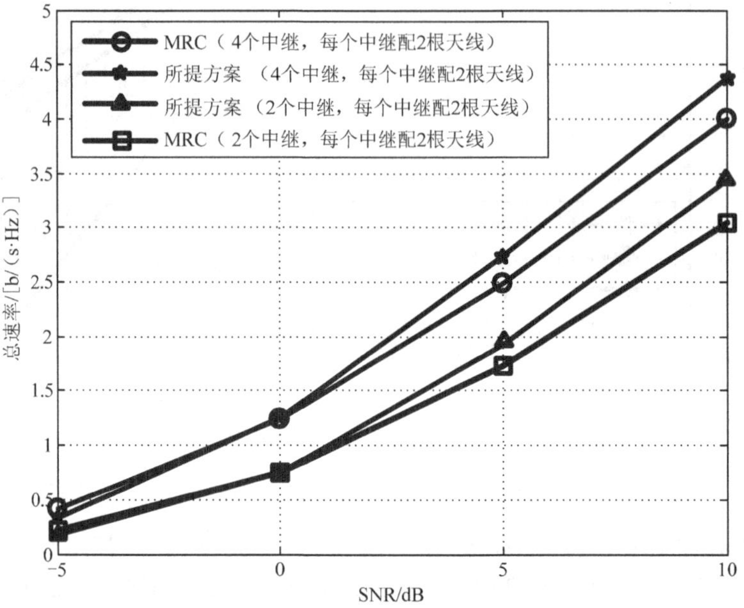

图 4.5 Ricean 因子 m=0 时所提方案在多中继系统中的可达速率性能比较

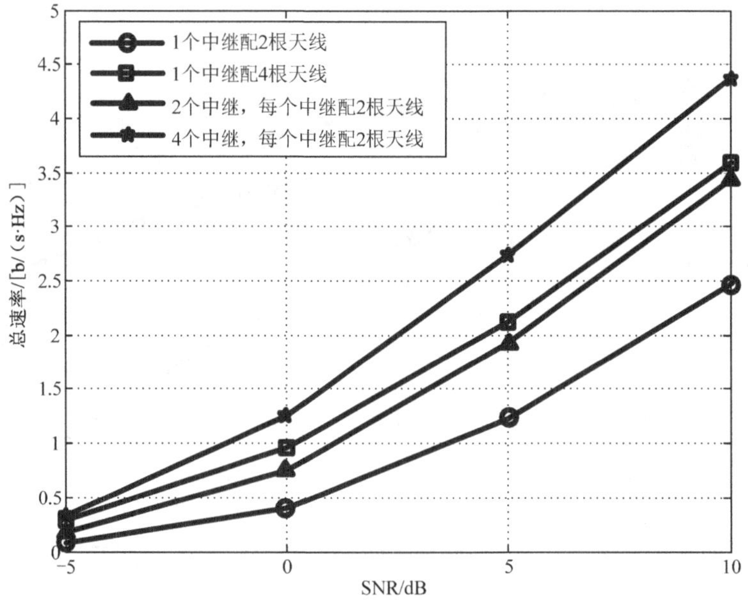

图 4.6 Ricean 因子 m=0 时所提方案在不同天线配置下的可达速率性能比较

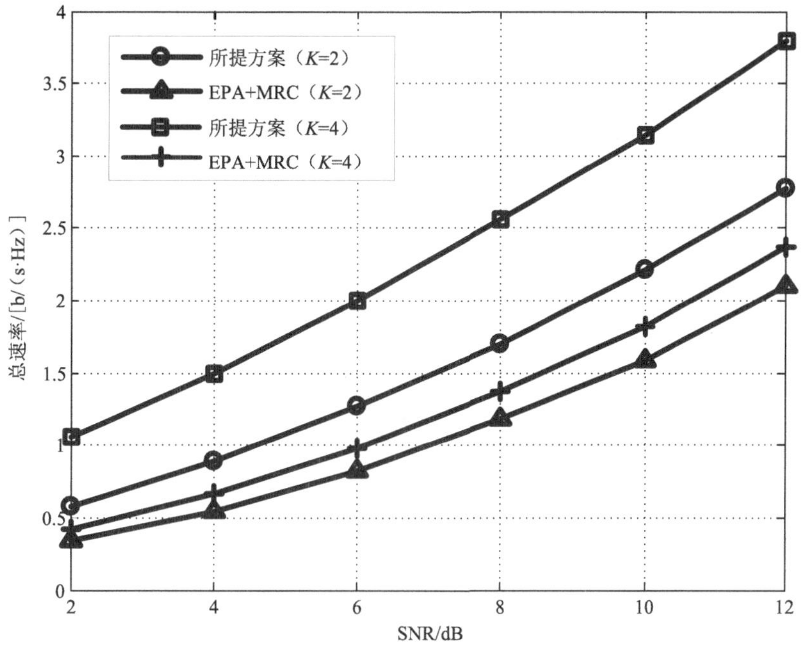

图 4.7　Ricean 因子 m=0 时所提方案在单天线的分布式中继系统中的可达速率性能比较

图 4.8 给出了所提最优方案及其两个鲁棒性实现方案在不同信道状态信息（CSI）下的误比特率性能，其中信道的 Ricean 因子 $m=1$、$K=2$、$N=2$。从图 4.8 可以看出，所提最优方案获得了明显的误比特率性能增益，且随着 SNR 增加，误比特率曲线以很

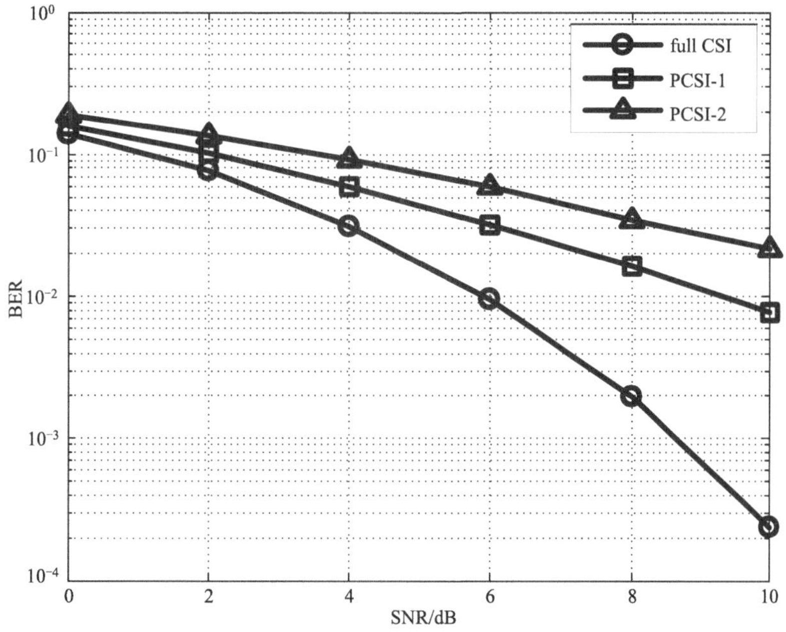

图 4.8　当 m=1 时所提方案在 2 个中继且每个中继都有 2 根天线的情况下不同 CSI 对应的误比特率性能

快的速度衰减；PCSI-1 在 SNR=9dB 时达到 BER=10^{-2}，这与理想情形相比损失大约 3dB，这是由于缺少中继与用户之间的瞬时信道信息造成的；若继续减少信道信息量，即 PCSI-2，此时中继只有信道统计信息而无任何瞬时信道信息，在 SNR=10dB 时误比特率接近10^{-2}，这比最优情况损失大约 6dB，这说明当中继失去所有的瞬时信道信息时，系统的误比特率性能明显恶化。图 4.9 给出了 3 个中继且每个中继都有 2 根天线时的系统误比特率性能曲线，其中 Ricean 因子是 m=0.1。从图 4.9 中可以看出，所提方案在理想信道信息下获得了很好的通信性能，同时所提方案的两个鲁棒性实现方案也获得了较好的性能。

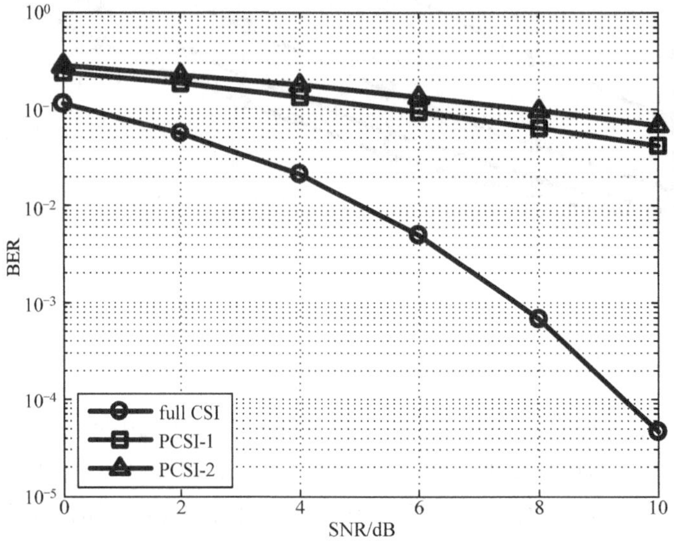

图 4.9 当 m=0.1 时所提方案在 3 个中继且每个中继都有 2 根天线的情况下不同 CSI 对应的误比特率性能

图 4.10 和图 4.11 给出了所提方案及其两个鲁棒性实现方案的可达速率性能。从图 4.10

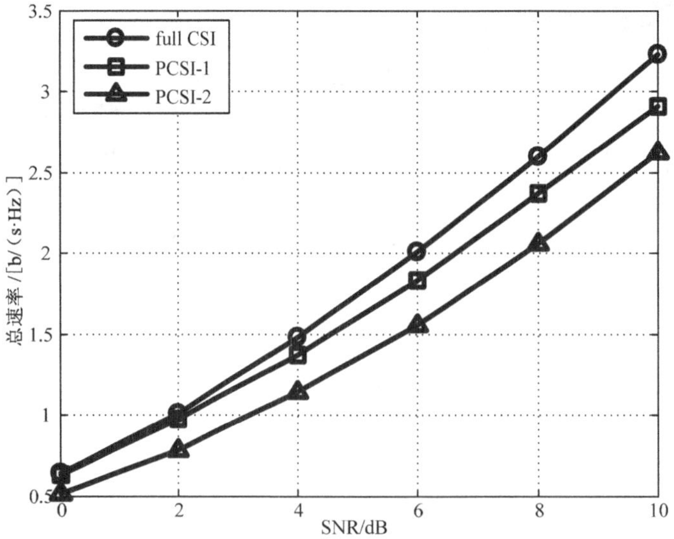

图 4.10 当 m=1 时所提方案在 2 个中继且每个中继都有 2 根天线的情况下不同 CSI 对应的可达速率性能

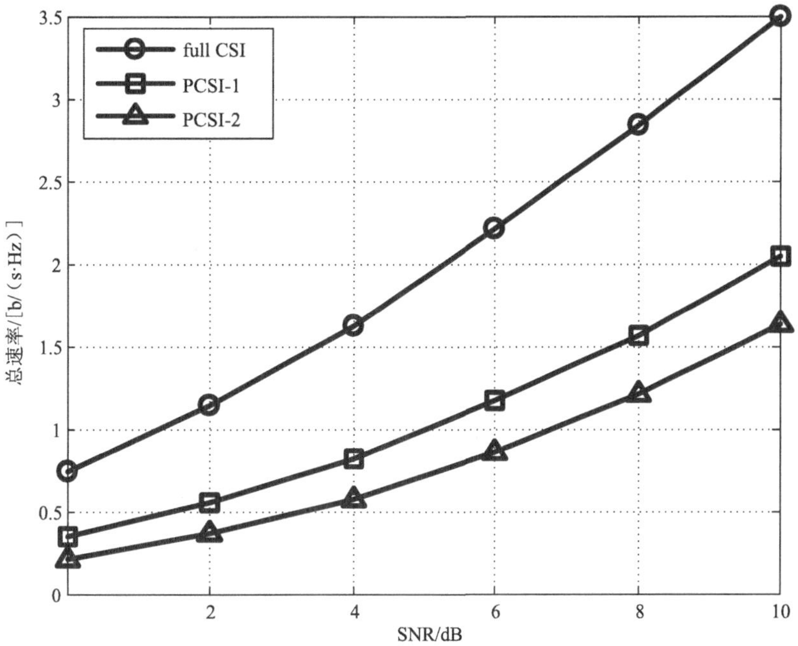

图 4.11　当 m=0.1 时所提方案在 3 个中继且每个中继都有 2 根天线的情况下不同 CSI 对应的可达速率性能

和图 4.11 中可以看出，所提方案在系统可达速率方面也获得了较好性能，而且两个鲁棒性实现方案在一定的性能损失下获得了明显的信道适应性。

本 章 小 结

本章研究了并行 MIMO 双向中继协作转发系统，通过严格的矩阵变换和公式推导得到最优的分布式 MIMO 双向中继协作转发方案，其中每个中继可以配有任意多个不同数目的天线。首先基于最小化均方误差准则，通过对上下行链路进行联合优化得到最优的并行 MIMO 中继双向转发方案；然后针对高速移动用户和游移中继这两种应用场景，分别设计了所提最优方案的鲁棒性实现方案，从而避免了全部信道状态信息这一苛刻要求。计算机仿真结果表明，所提最优方案及其两个鲁棒性实现方案在可达速率和误比特率性能方面都获得了明显增益。本章提出的块对角矩阵的等价变换方法适用于各种不同的双向中继配置系统。

第5章 多中继双向协作的分布式方案及渐进性分析

5.1 研究背景及内容安排

第 4 章研究了双向中继协议下的多天线中继协作转发方案。相对于单向中继转发所需四个时隙的通信模式，双向中继协议只需要两个时隙就可以完成上下行链路，能够显著提高通信的频谱效率，从而显示出巨大的优势[63,92]。然而，现有的协作式中继协作方案都需要集中式的中央控制器来完成。在实际工程中，多中继协作方案的实现方式最好能够以分布式的方式实现多个中继协作转发方案，从而避免集中式处理的弊端。

双向中继转发方案的实现方式大致可分为两类，分别是单中继转发模式和多个中继协作转发模式。关于单个双向中继转发方案的设计已有很多研究成果。例如，文献[100]针对放大-转发模式下的双向中继系统提出了单个多天线双向中继波束成形方案；文献[92]研究了译码-转发模式下的双向中继通信模型，设计出了双向中继转发方案的迭代求解算法；文献[101]证明了译码-转发模式下的单个多天线双向中继波束成形的特殊结构，即该波束成形向量必须落在信道对应的某一个子空间内部。然而，上述双向中继转发方案都没有研究多个双向中继协作转发的通信情形。当系统包括多个双向中继时，多中继协作转发方案的实现方式变得非常重要，这是因为多个中继分别处于不同的地理位置，中继之间的信息交互应该尽可能地少。在该通信情形下，分布式的实现方案更适合多个双向中继的协作转发情形。目前，国际上还没有人研究关于多个双向中继的分布式实现方案问题。

本章将研究协作式放大转发双向中继通信系统，最终目标是要设计出最优或渐进最优的多中继协作转发方案的闭式解，而且得到该闭式解的分布式实现方案。

本章内容安排如下：5.2 节给出了系统流程图；5.3 节推导出渐进最优的双向中继协作转发方案，并且该方案避免了集中式处理的弊端；5.4 节进行了计算机仿真；最后是本章结论。

5.2 系统模型

本章考虑一个分布式双向中继协作转发的通信系统，其中包括两个信源、K 个分布式中继，并且所有节点都配有一根天线，如图 5.1 所示。需要说明的是，该系统模型在单向中继模式下受到广泛研究[21,48,102]。

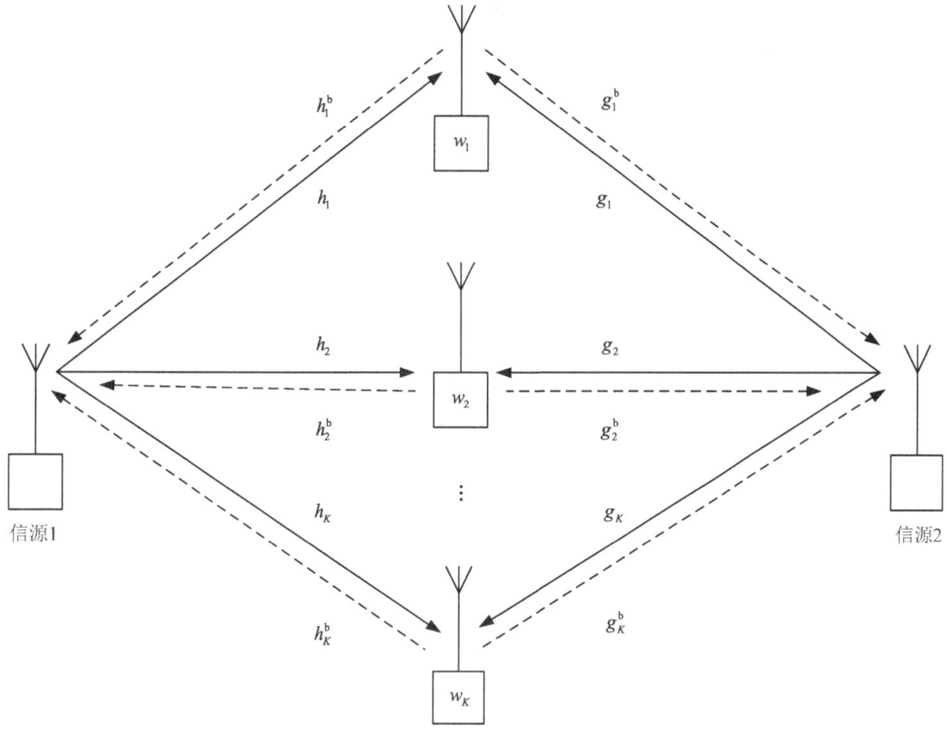

图 5.1　分布式双向中继协作转发通信系统模型

整个系统工作在平衰落信道环境中，需要两个时隙才能完成双向中继通信。在第一个时隙里，两个信源同时同频地向所有中继广播各自的信息，第 k 个中继的接收信号为

$$r_k = \sqrt{P_1}\, h_k x_1 + \sqrt{P_2}\, g_k x_2 + n_{1k},\quad k = 1,2,\cdots,K$$

式中，P_i $(i=1,2)$ 分别为信源 i 的发送功率；$h_k, g_k \sim \mathrm{CN}(0,1)$ 分别为信源 1 和信源 2 到中继 k 的信道衰减系数；x_i $(i=1,2)$ 为两个信源的发送符号；$n_{1k} \sim \mathrm{CN}(0,1)$ 为在第一个时隙里中继 k 接收到的 AWGN。

经过中继处理后，要转发的信号为

$$t_k = w_k r_k = w_k\left(\sqrt{P_1}\, h_k x_1 + \sqrt{P_2}\, g_k x_2 + n_{1k}\right)$$

式中，w_k 为第 k 个中继的处理系数，该系数就是本章要设计的参数。

在第二个时隙里，每个中继把处理后的信号 t_k 同时同频广播给两个信源。假设信道在连续两个时隙内保持不变[100]，信源 1 的接收信号可表示为

$$\begin{aligned} y_1 &= \sum_{k=1}^{K} h_k t_k + n_{21} \\ &= \sqrt{P_2}\sum_{k=1}^{K} h_k w_k g_k x_2 + \sqrt{P_1}\sum_{k=1}^{K} h_k w_k h_k x_1 + \left(\sum_{k=1}^{K} h_k w_k n_{1k} + n_{21}\right) \end{aligned} \tag{5-1}$$

类似地，信源 2 的接收信号可表示为

$$\begin{aligned} y_2 &= \sum_{k=1}^{K} g_k t_k + n_{22} \\ &= \sqrt{P_1}\sum_{k=1}^{K} g_k w_k h_k x_1 + \sqrt{P_2}\sum_{k=1}^{K} g_k w_k g_k x_2 + \left(\sum_{k=1}^{K} g_k w_k n_{1k} + n_{22}\right) \end{aligned} \tag{5-2}$$

式中，$n_{21}, n_{22} \sim \mathrm{CN}(0,1)$ 为在第二个时隙里两个信源接收到的 AWGN。

式（5-1）和式（5-2）中的等号右侧第一项分别为信源 2 到信源 1 的有用信号和信源 1 到信源 2 的有用信号；最后一项分别为信源 1 到信源 2 的所有噪声和信源 2 到信源 1 的所有噪声；中间一项分别为每个信源自己的发送信号经过信道又到达原始发送端，而对有用信号产生的干扰，称为自干扰，可以利用已知发送信息把该自干扰信号从接收信号中减掉[100]。因此，两个接收端经过自干扰消除后的信号可表示为

$$\tilde{y}_1 = \sqrt{P_2}\sum_{k=1}^{K} h_k w_k g_k x_2 + \left(\sum_{k=1}^{K} h_k w_k n_{1k} + n_{21}\right) \tag{5-3}$$

$$\tilde{y}_2 = \sqrt{P_1}\sum_{k=1}^{K} g_k w_k h_k x_1 + \left(\sum_{k=1}^{K} g_k w_k n_{1k} + n_{22}\right) \tag{5-4}$$

式（5-3）和式（5-4）表征了自干扰消除以后的系统模型，本章的目标是通过数学推导优化得到所有参数 w_k $(k=1,2,\cdots,K)$，进而最小化整个系统的均方误差函数，优化出的参数具有渐进最优的特性。需要说明的是，本章所研究的是在物理层的双向中继协议下分布式中继协作方案的优化问题。

5.3 渐进最优的多中继双向协作及其分布式实现方案设计

本节将针对整个系统的均方误差函数设计出中继的复数处理系数，这些系数用于分布式的双向中继协作转发消息。通过矩阵变换和广义奇异值分解得到所提方案的闭式表达式，并且获得所提方案的分布式实现方案，从而避免了传统集中式处理方式的弊端，这更符合工程上的要求。

在传统的 MIMO 通信系统中，当接收机采用维纳滤波接收时，每个接收符号对应的 MSE 可以用相应的 SNR 进行表征，即 $\mathrm{MSE}=1/(\mathrm{SNR}+1)$。本章将该表达式引入协作式双向中继系统中，该表达式用来度量整个系统的 MSE 性能。因而式（5-3）和式（5-4）对应的 MSE 函数可表示为

$$\mathrm{MSE}=\frac{1}{2}\left(\frac{1}{1+\mathrm{SNR}_2}+\frac{1}{1+\mathrm{SNR}_1}\right)$$

式中，$\mathrm{SNR}_i\ (i=1,2)$ 分别为式（5-3）和式（5-4）的接收信噪比。为了化简双向中继协作方案的优化函数，进而得到所提方案的分布式实现方案，上述表达式可在高信噪比时近似表示为

$$\widetilde{\mathrm{MSE}}=\frac{1}{2}\left(\frac{1}{\mathrm{SNR}_2}+\frac{1}{\mathrm{SNR}_1}\right)=\frac{1}{2}\left(\frac{1+\sum_{k=1}^{K}|h_k|^2|w_k|^2}{P_2\left|\sum_{k=1}^{K}h_k w_k g_k\right|^2}+\frac{1+\sum_{k=1}^{K}|g_k|^2|w_k|^2}{P_1\left|\sum_{k=1}^{K}g_k w_k h_k\right|^2}\right)\geqslant \mathrm{MSE} \tag{5-5}$$

上述函数能够度量整个系统的整体 MSE 性能，其数值大小主要是由最差的通信链路决定的，即只要 SNR_1 和 SNR_2 中的任意一个数值很小，那么整个系统的通信可靠性就变得很差。需要说明的是，该代价函数在传统 MIMO 系统中得到了广泛应用，因此本章把该代价函数引入双向中继协作转发系统中，以此度量该系统的整体链路可靠性。

基于式（5-5）中的 MSE 上界函数，通过求解下面的优化问题可以得到渐进最优的双向中继协作转发方案：

$$\begin{aligned}&\min_{w_k\ (k=1,2,\cdots,K)}\quad \widetilde{\mathrm{MSE}}=\frac{1}{2}\left(\frac{1+\sum_{k=1}^{K}|h_k|^2|w_k|^2}{P_2\left|\sum_{k=1}^{K}h_k w_k g_k\right|^2}+\frac{1+\sum_{k=1}^{K}|g_k|^2|w_k|^2}{P_1\left|\sum_{k=1}^{K}g_k w_k h_k\right|^2}\right)\\&\text{s.t.}\quad \sum_{k=1}^{K}|w_k|^2\left(P_1|h_k|^2+P_2|g_k|^2+1\right)=P_3\end{aligned} \tag{5-6}$$

式中，P_3 为所有中继的总功率约束，对所有中继进行总的功率约束这一研究模型在单向中继系统中得到广泛采用[21,48-49,103]。

针对式（5-6），下面将利用矩阵变换手段求解上述约束下的最小化问题，因此需要将式（5-6）等价变换成矩阵形式。

首先，式（5-6）中的代价函数可等价变换为

$$\widetilde{\mathrm{MSE}}=\frac{1}{2}\left(\frac{1+\sum_{k=1}^{K}|h_k|^2|w_k|^2}{P_2\left|\sum_{k=1}^{K}h_k w_k g_k\right|^2}+\frac{1+\sum_{k=1}^{K}|g_k|^2|w_k|^2}{P_1\left|\sum_{k=1}^{K}g_k w_k h_k\right|^2}\right)$$

$$=\frac{1}{2}\left(\frac{1+\boldsymbol{w}^{\mathrm{H}}\boldsymbol{D}_1^{\mathrm{H}}\boldsymbol{D}_1\boldsymbol{w}}{P_1\boldsymbol{w}^{\mathrm{H}}\left(\boldsymbol{h}_{\mathrm{e}}^{*}\boldsymbol{h}_{\mathrm{e}}^{\mathrm{T}}\right)\boldsymbol{w}}+\frac{1+\boldsymbol{w}^{\mathrm{H}}\boldsymbol{D}_2^{\mathrm{H}}\boldsymbol{D}_2\boldsymbol{w}}{P_2\boldsymbol{w}^{\mathrm{H}}\left(\boldsymbol{h}_{\mathrm{e}}^{*}\boldsymbol{h}_{\mathrm{e}}^{\mathrm{T}}\right)\boldsymbol{w}}\right) \tag{5-7}$$

式中，

$$\boldsymbol{w}\triangleq\left(w_1,w_2,\cdots,w_K\right)^{\mathrm{T}}$$

$$\boldsymbol{D}_1\triangleq\operatorname{diag}\left\{\left(g_1,g_2,\cdots,g_k,\cdots,g_K\right)^{\mathrm{T}}\right\}$$

$$\boldsymbol{D}_2\triangleq\operatorname{diag}\left\{\left(h_1,h_2,\cdots,h_k,\cdots,h_K\right)^{\mathrm{T}}\right\}$$

$$\boldsymbol{h}_{\mathrm{e}}\triangleq\left(h_1g_1,h_2g_2,\cdots,h_kg_k,\cdots,h_Kg_K\right)^{\mathrm{T}}$$

其次，式（5-6）中的约束条件可等价变换为

$$\boldsymbol{w}^{\mathrm{H}}\frac{\boldsymbol{D}_3}{P_3}\boldsymbol{w}=1 \tag{5-8}$$

式中，$\boldsymbol{D}_3\triangleq\operatorname{diag}\left\{\left(P_1|h_1|^2+P_2|g_1|^2+1,\cdots,P_1|h_k|^2+P_2|g_k|^2+1,\cdots,P_1|h_K|^2+P_2|g_K|^2+1\right)^{\mathrm{T}}\right\}$。

将式（5-8）代入式（5-7）可得

$$\widetilde{\mathrm{MSE}}=\frac{1}{2}\left(\frac{\boldsymbol{w}^{\mathrm{H}}\left(\frac{\boldsymbol{D}_3}{P_1P_3}+\frac{\boldsymbol{D}_1^{\mathrm{H}}\boldsymbol{D}_1}{P_1}\right)\boldsymbol{w}}{\boldsymbol{w}^{\mathrm{H}}\left(\boldsymbol{h}_{\mathrm{e}}^{*}\boldsymbol{h}_{\mathrm{e}}^{\mathrm{T}}\right)\boldsymbol{w}}+\frac{\boldsymbol{w}^{\mathrm{H}}\left(\frac{\boldsymbol{D}_3}{P_2P_3}+\frac{\boldsymbol{D}_2^{\mathrm{H}}\boldsymbol{D}_2}{P_2}\right)\boldsymbol{w}}{\boldsymbol{w}^{\mathrm{H}}\left(\boldsymbol{h}_{\mathrm{e}}^{*}\boldsymbol{h}_{\mathrm{e}}^{\mathrm{T}}\right)\boldsymbol{w}}\right) \tag{5-9}$$

最后，利用式（5-8）和式（5-9）可得式（5-6）等价的矩阵形式，即

$$\begin{aligned}\min_{\boldsymbol{w}}\ \widetilde{\mathrm{MSE}}&=\frac{1}{2}\frac{\boldsymbol{w}^{\mathrm{H}}\left(\frac{\boldsymbol{D}_3}{P_3P_2}+\frac{\boldsymbol{D}_2^{\mathrm{H}}\boldsymbol{D}_2}{P_2}+\frac{\boldsymbol{D}_3}{P_1P_3}+\frac{\boldsymbol{D}_1^{\mathrm{H}}\boldsymbol{D}_1}{P_1}\right)\boldsymbol{w}}{\boldsymbol{w}^{\mathrm{H}}\left(\boldsymbol{h}_{\mathrm{e}}^{*}\boldsymbol{h}_{\mathrm{e}}^{\mathrm{T}}\right)\boldsymbol{w}}\\ \text{s.t.}\quad &\boldsymbol{w}^{\mathrm{H}}\frac{\boldsymbol{D}_3}{P_3}\boldsymbol{w}=1\end{aligned} \tag{5-10}$$

为了求解式（5-10），首先需要进行如下变量代换：

$$\boldsymbol{x}\triangleq\sqrt{P_3}\boldsymbol{D}_3^{\frac{1}{2}}\boldsymbol{w}$$

把该变量替换代入式（5-10）可得

$$\begin{aligned}\min_{\boldsymbol{x}}\ \widetilde{\mathrm{MSE}}&=\frac{1}{2}\frac{\boldsymbol{x}^{\mathrm{H}}\left(\boldsymbol{D}_3^{\mathrm{H}}\right)^{-\frac{1}{2}}\left(\frac{\boldsymbol{D}_3}{P_3P_2}+\frac{\boldsymbol{D}_2^{\mathrm{H}}\boldsymbol{D}_2}{P_2}+\frac{\boldsymbol{D}_3}{P_1P_3}+\frac{\boldsymbol{D}_1^{\mathrm{H}}\boldsymbol{D}_1}{P_1}\right)\boldsymbol{D}_3^{-\frac{1}{2}}\boldsymbol{x}}{\boldsymbol{x}^{\mathrm{H}}\left(\boldsymbol{D}_3^{\mathrm{H}}\right)^{-\frac{1}{2}}\left(\boldsymbol{h}_{\mathrm{e}}^{*}\boldsymbol{h}_{\mathrm{e}}^{\mathrm{T}}\right)\boldsymbol{D}_3^{-\frac{1}{2}}\boldsymbol{x}}\\ \text{s.t.}\quad &\boldsymbol{x}^{\mathrm{H}}\boldsymbol{x}=1\end{aligned} \tag{5-11}$$

显然，式（5-11）是约束下的广义奇异值分解问题，上面的最小化问题等效于下面的最大化问题，即

$$\max_{\boldsymbol{x}} \frac{\boldsymbol{x}^{\mathrm{H}}\left(\boldsymbol{D}_3^{\mathrm{H}}\right)^{-\frac{1}{2}}\left(\boldsymbol{h}_{\mathrm{e}}^{*}\boldsymbol{h}_{\mathrm{e}}^{\mathrm{T}}\right)\boldsymbol{D}_3^{-\frac{1}{2}}\boldsymbol{x}}{\boldsymbol{x}^{\mathrm{H}}\left(\boldsymbol{D}_3^{\mathrm{H}}\right)^{-\frac{1}{2}}\left(\frac{\boldsymbol{D}_3}{P_3P_2}+\frac{\boldsymbol{D}_2^{\mathrm{H}}\boldsymbol{D}_2}{P_2}+\frac{\boldsymbol{D}_3}{P_1P_3}+\frac{\boldsymbol{D}_1^{\mathrm{H}}\boldsymbol{D}_1}{P_1}\right)\boldsymbol{D}_3^{-\frac{1}{2}}\boldsymbol{x}} \tag{5-12}$$

下面进行如下定义

$$\boldsymbol{D}_4 \triangleq \left(\boldsymbol{D}_3^{\mathrm{H}}\right)^{-\frac{1}{2}}\left(\frac{\boldsymbol{D}_3}{P_3P_2}+\frac{\boldsymbol{D}_2^{\mathrm{H}}\boldsymbol{D}_2}{P_2}+\frac{\boldsymbol{D}_3}{P_1P_3}+\frac{\boldsymbol{D}_1^{\mathrm{H}}\boldsymbol{D}_1}{P_1}\right)\boldsymbol{D}_3^{-\frac{1}{2}}$$

和变量代换

$$\boldsymbol{a} \triangleq \boldsymbol{D}_4^{\frac{1}{2}}\boldsymbol{x}$$

因此式（5-12）可进一步写成

$$\max_{\boldsymbol{x}} \frac{\boldsymbol{x}^{\mathrm{H}}\left(\boldsymbol{D}_3^{\mathrm{H}}\right)^{-\frac{1}{2}}\left(\boldsymbol{h}_{\mathrm{e}}^{*}\boldsymbol{h}_{\mathrm{e}}^{\mathrm{T}}\right)\boldsymbol{D}_3^{-\frac{1}{2}}\boldsymbol{x}}{\boldsymbol{x}^{\mathrm{H}}\left(\boldsymbol{D}_4^{\mathrm{H}}\right)^{\frac{1}{2}}\boldsymbol{D}_4^{\frac{1}{2}}\boldsymbol{x}} = \max_{\boldsymbol{a}} \frac{\boldsymbol{a}^{\mathrm{H}}\left(\boldsymbol{D}_4^{\mathrm{H}}\right)^{-\frac{1}{2}}\left(\boldsymbol{D}_3^{\mathrm{H}}\right)^{-\frac{1}{2}}\left(\boldsymbol{h}_{\mathrm{e}}^{*}\boldsymbol{h}_{\mathrm{e}}^{\mathrm{T}}\right)\boldsymbol{D}_3^{-\frac{1}{2}}\boldsymbol{D}_4^{-\frac{1}{2}}\boldsymbol{a}}{\boldsymbol{a}^{\mathrm{H}}\boldsymbol{a}} \tag{5-13}$$

至此，式（5-13）对应问题的最优解为

$$\boldsymbol{a} = \mathrm{v}_{\max}\left\{\left(\boldsymbol{D}_4^{\mathrm{H}}\right)^{-\frac{1}{2}}\left(\boldsymbol{D}_3^{\mathrm{H}}\right)^{-\frac{1}{2}}\left(\boldsymbol{h}_{\mathrm{e}}^{*}\boldsymbol{h}_{\mathrm{e}}^{\mathrm{T}}\right)\boldsymbol{D}_3^{-\frac{1}{2}}\boldsymbol{D}_4^{-\frac{1}{2}}\right\} = \left(\boldsymbol{D}_4^{\mathrm{H}}\right)^{-\frac{1}{2}}\left(\boldsymbol{D}_3^{\mathrm{H}}\right)^{-\frac{1}{2}}\boldsymbol{h}_{\mathrm{e}}^{*} \tag{5-14}$$

由式（5-14）可得式（5-11）的最优解为

$$\boldsymbol{x} = \boldsymbol{D}_4^{-\frac{1}{2}}\boldsymbol{a} = \xi\boldsymbol{D}_4^{-1}\left(\boldsymbol{D}_3^{\mathrm{H}}\right)^{-\frac{1}{2}}\boldsymbol{h}_{\mathrm{e}}^{*} \tag{5-15}$$

式中，归一化因子 $\xi = 1\Big/\left\|\boldsymbol{D}_4^{-1}\left(\boldsymbol{D}_3^{\mathrm{H}}\right)^{-\frac{1}{2}}\boldsymbol{h}_{\mathrm{e}}^{*}\right\|_{\mathrm{F}}$ 用于调整 $\boldsymbol{x}$ 的能量，使之满足式（5-11）中的约束。

需要说明的是，功率归一化因子 ξ 并不影响 $\boldsymbol{x}$ 的最优性[62,102]。将式（5-15）代入原始的变量替换中，得到式（5-10）的最优解为

$$\boldsymbol{w} = \frac{1}{\sqrt{P_3}}\boldsymbol{D}_3^{-\frac{1}{2}}\boldsymbol{x} = \frac{\xi}{\sqrt{P_3}}\boldsymbol{D}_3^{-\frac{1}{2}}\boldsymbol{D}_4^{-1}\left(\boldsymbol{D}_3^{\mathrm{H}}\right)^{-\frac{1}{2}}\boldsymbol{h}_{\mathrm{e}}^{*} \tag{5-16}$$

即

$$w_k = \xi\frac{\sqrt{P_3}h_k^{*}g_k^{*}}{\left(\frac{P_2+P_3}{P_1}+1\right)|g_k|^2+\left(\frac{P_1+P_3}{P_2}+1\right)|h_k|^2+\frac{P_1+P_2}{P_1P_2}},\quad k=1,2,\cdots,K \tag{5-17}$$

针对上面的推导结果，下面给出四条评论。

评论 5.1 由式（5-17）可以看出，本章提出的双向中继协作转发方案 $\boldsymbol{w}$ 中的每个分量仅仅涉及共同标量因子 ξ 、相关中继的两跳局部信道信息 h_k 和 g_k ，而不需要其他中继的任何信道信息，也不需要中继之间交换各自的数据信息。因此，每个中继可以独立地处理各自的数据，以分布式的方式实现协作转发方案，最终获得整个系统渐进最优的链路可靠性。其中，标量因子 ξ 可由任意一个信源计算 ξ 的数值，并广播给所有中继，此类的反馈模式在单向中继协议中已被证明是可行的[48]。

评论 5.2 所提方案的目标是最小化系统的均方误差函数，然而通信的另一个重要指标是通信有效性。为了度量所提方案在系统可达速率方面的性能，用下式进行计算：

$$R_{\text{sum}}=\frac{1}{2}\log_2\left[1+\frac{\boldsymbol{w}^{\text{H}}\left(\boldsymbol{h}_{\text{e}}^{*}\boldsymbol{h}_{\text{e}}^{\text{T}}\right)\boldsymbol{w}}{\boldsymbol{w}^{\text{H}}\left(\dfrac{\boldsymbol{D}_3}{P_1P_3}+\dfrac{\boldsymbol{D}_1^{\text{H}}\boldsymbol{D}_1}{P_1}\right)\boldsymbol{w}}\right]+\frac{1}{2}\log_2\left[1+\frac{\boldsymbol{w}^{\text{H}}\left(\boldsymbol{h}_{\text{e}}^{*}\boldsymbol{h}_{\text{e}}^{\text{T}}\right)\boldsymbol{w}}{\boldsymbol{w}^{\text{H}}\left(\dfrac{\boldsymbol{D}_3}{P_2P_3}+\dfrac{\boldsymbol{D}_2^{\text{H}}\boldsymbol{D}_2}{P_2}\right)\boldsymbol{w}}\right] \quad (5\text{-}18)$$

式（5-18）将用于仿真部分的可达速率性能比较。

评论 5.3 所提方案的实现方式只需要每个中继能够获得各自对应的信道信息，而不需要整个系统的全部信道信息，但是两个接收端仍然需要整个系统的全部信道状态信息，以此进行自干扰消除。

评论 5.4 关于反馈开销的考虑。集中式的实现方式需要所有节点把各自的信道状态信息完全反馈给中央控制器，这显然需要很大的反馈开销；而本章所提的分布式实现方案所需开销只来自一个信宿节点以广播的方式把 ξ 反馈给所有中继。由此可见，本章所提方案能够以非常低的反馈开销、以很低的计算复杂度实现所提方案，最终达到双向中继协作转发的目的。

5.4 仿真结果与分析

本节通过计算机仿真测试所提方案的可达速率性能和误比特率性能。星座调制方式采用 BPSK，文献[92]所提的单个多天线中继转发方案经本章调整应用于多个单天线中继系统，进而用于比较所提方案的性能。假设 $\text{SNR}=P_1=P_2=P_3$ ，所有信道系数都是平衰落的，并且服从独立同分布 $\mathcal{CN}(0,1)$ ，且 Monte Carlo 仿真次数是 100000。

图 5.2 给出了系统可达速率关于不同 SNR 的性能曲线，并比较了所提方案和现有方案[92]的可达速率性能。从图 5.2 可以看出，当有 $K=2$ 个协作式双向中继时，在 SNR=20dB 时所提方案获得了 5.5b/（s·Hz）的可达速率，比现有方案提高 0.8b/（s·Hz）。同样，当系统有 $K=6$ 个协作式双向中继时，所提方案比现有方案获得了 1.1b/（s·Hz）的可达速率性能增益。图 5.3 给出了所提方案产生的系统平均误比特率性能关于不同 SNR 的性能曲

线比较。这些曲线都来自 Monte Carlo 数值仿真。从图 5.3 中可以看出，所提方案的误比特率性能随着中继数 K 的增加而显著提高，然而增益随着 K 的增加而逐渐变小。

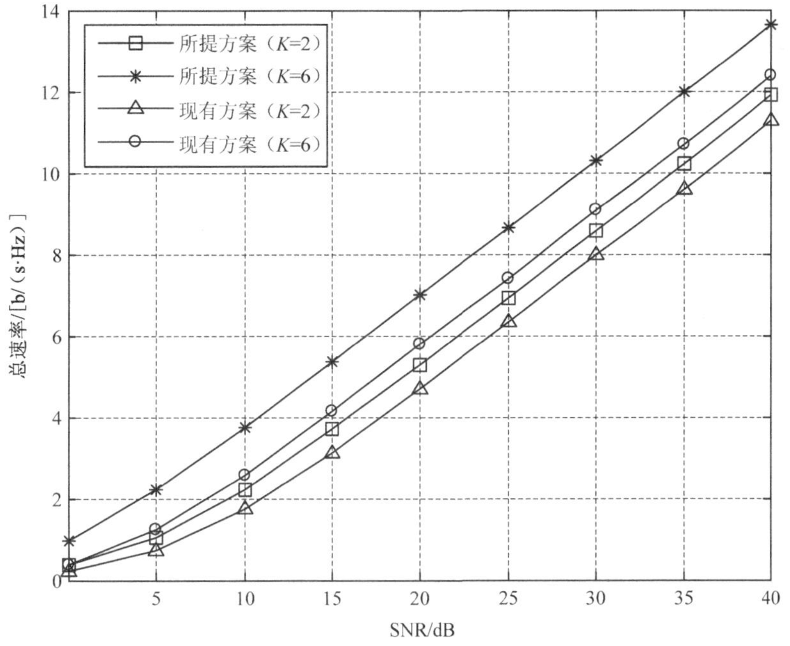

图 5.2　系统可达速率关于不同 SNR 的性能曲线比较

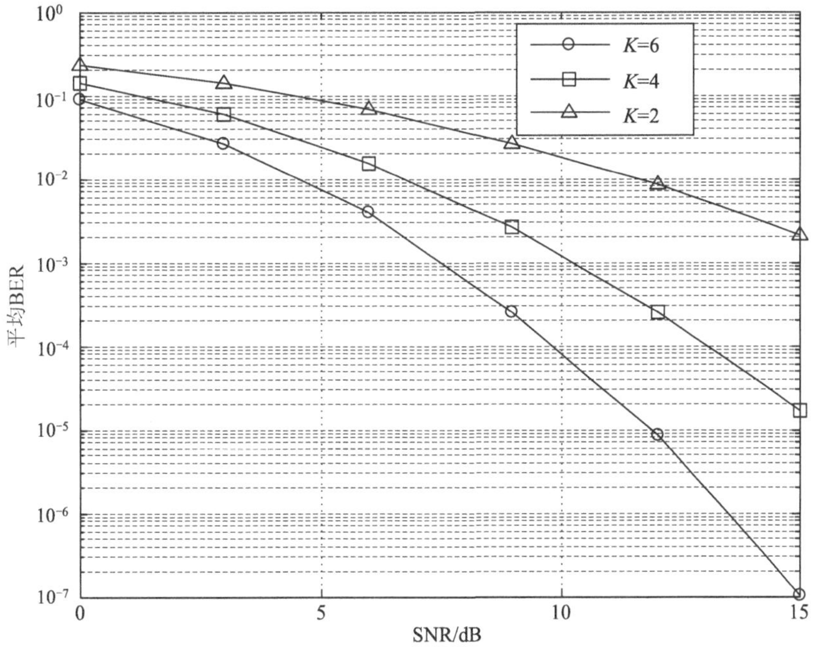

图 5.3　所提方案产生的系统平均误比特率关于不同 SNR 的性能曲线比较

图 5.4 给出了所提方案的可达速率性能在不同中继数目下随着 SNR 的变化曲线。图 5.5 给出了所提方案产生的系统平均误符号率在不同中继数目下随着 SNR 的变化曲线，其中纵坐标是上行下行链路平均 MSE 的 Monte Carlo 统计值。从图 5.5 中可以看出，所提方案无论在可达速率方面还是链路可靠性方面都获得了良好性能。

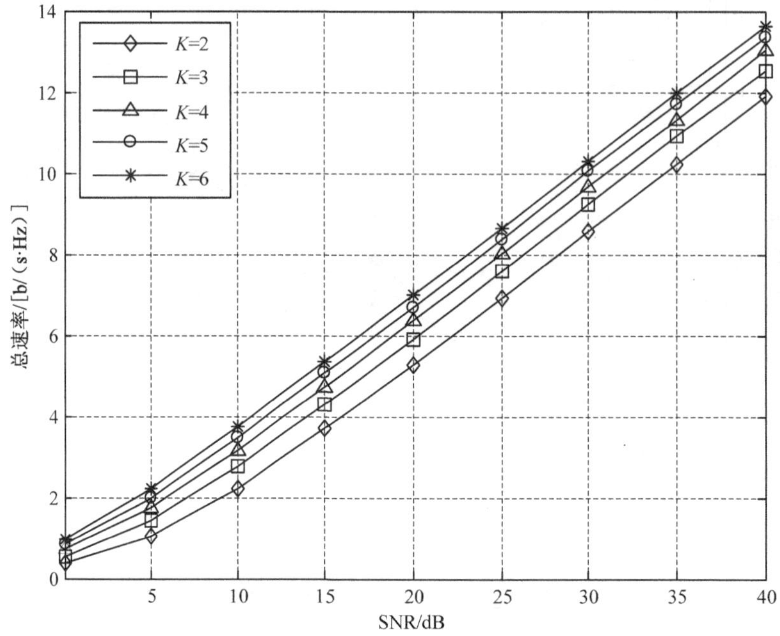

图 5.4　所提方案的可达速率性能在不同中继数目下随着 SNR 的变化曲线

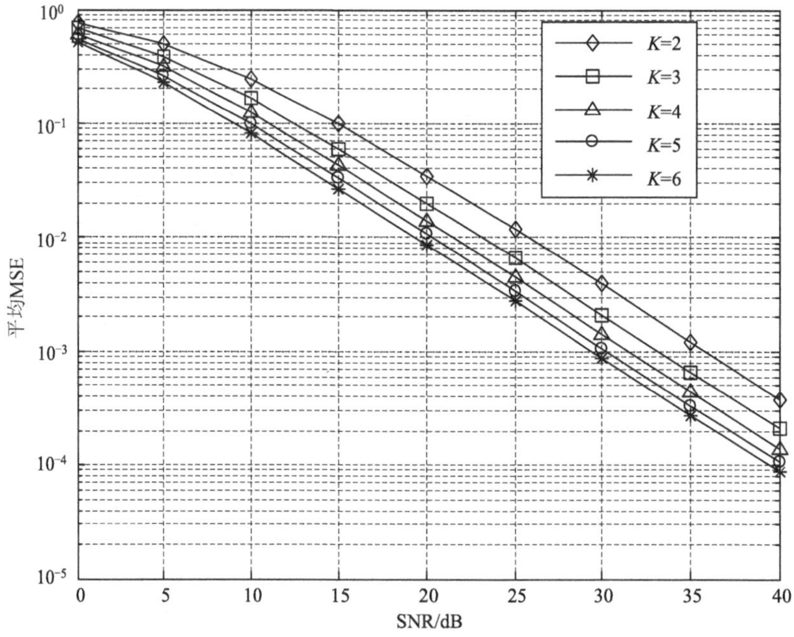

图 5.5　所提方案产生的系统平均误符号率在不同中继数目下随着 SNR 的变化曲线

本 章 小 结

本章推导出了协作式双向中继协作转发方案的解析表达式，该方案在高信噪比的情况下相对于系统均方误差最小化的目标是渐进最优的。计算机仿真结果表明，所提方案确实提高了系统的可达速率和均方误差性能。特别地，所提方案的实现方式是每个中继分布式地独立转发消息，这避免了传统集中式处理的很多弊端，极大降低了反馈开销，从而更有利于在实际工程中的应用。

第6章 环境反向散射系统中的信息传输与能量收集设计

6.1 研究背景及内容安排

作为物联网的核心技术，射频识别技术面临着通信距离短、路径损耗大及射频能源浪费等诸多发展问题，而环境反向散射技术在一定程度上解决了这些难题[102]。电子标签通过将环境中的射频信号转化为自身的能量用于信号的发送，不仅节约能量，更进一步提高了电子标签之间的通信距离。但是，由于环境反向散射技术是利用环境中的未知信号来构建的新型通信技术，因此收集的能量较少并且不稳定。此外，其通信理论和系统模型不同于传统的通信系统，因此需要构建出新的通信模型并对其通信理论进行研究，以期找到能与现有通信技术完美结合的系统架构，为物联网的进一步发展做出贡献。

本章结合前面章节提及的所有技术，如环境反向散射技术、中继协同技术、能量收集、短距离通信等，给出了一个新型的物联网通信模型；基于 IEEE 802.11ah 物联网架构，提出了环境反向散射多跳无线通信传输方案，有效提升了系统的吞吐量；为进一步满足物联网多种节点共存且目的端对能量收集的要求，对环境反向散射多跳通信系统的源端发射能量和中继分流因子进行联合优化，以进一步提高系统能效，并通过解析表达式获得渐进最优解。

本章内容安排如下。6.2 节首先给出了基于 WiFi 架构的物联网大规模电子标签/传感器节点的系统模型，并给出了该模型的信号反馈模式。6.3 节提出了现有 IEEE 802.11ah WiFi 架构下的环境反向散射通信多跳传输协议，该协议用于提升整个网络系统的吞吐量。6.4 节设计了一个最优资源算法，该算法用于最大限度地提高整个物联网通信系统的能效，且要满足电子标签/传感器 B 节点收集的最小能量。6.5 节进行了仿真分析。最后是本章的结论。

6.2 系统模型

基于 WiFi 架构的物联网大规模电子标签/传感器（tay/sensor）节点的系统模型如图 6.1 所示，系统包含大量的读写器、电子标签/传感器和无线访问接入点（AP，wireless access point）。如果 AP 的覆盖范围内没有检测到电子标签/传感器节点，就不需要反向散射信号反馈。如果电子标签/传感器检测到它在某个 AP 的范围内，则反向散射信号首先反射到该 AP；如果没有关联的 AP，则反向散射信号可以直接响应读写器或者作为中继的电子标签/传感器节点。如果 AP 范围内有多个标签/传感器节点，并且所有节点都需要进行反向散射通信，则 AP 可以通过多用户或分组传输完成通信，使多个电子标签/传感器节点可以有序地将反向散射信号反射到 AP，然后将混合信号进行编码后将信号发送给读写器。

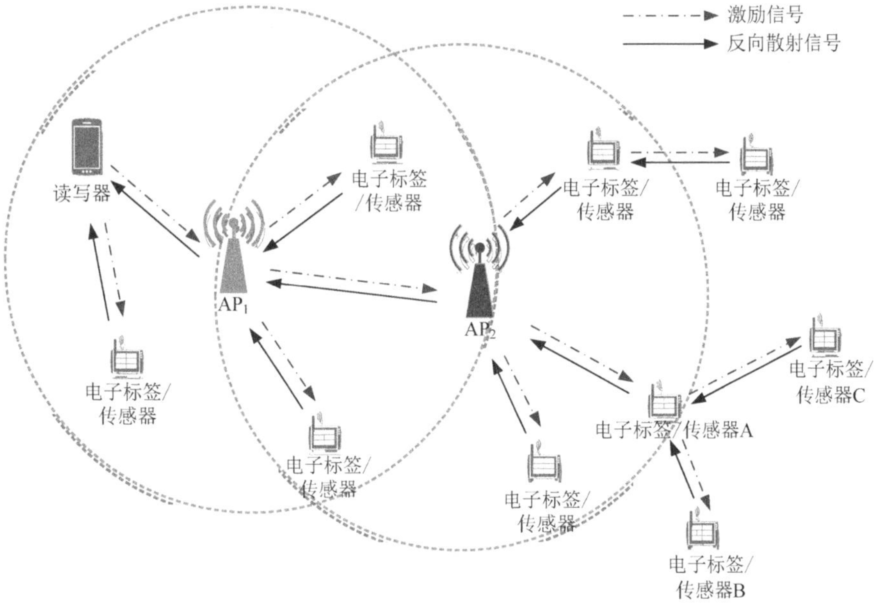

图 6.1　基于 WiFi 架构的大规模电子标签/传感器节点的系统模型

如图 6.1 所示，其中 AP_2 和电子标签/传感器 A、B、C 之间交互通信的场景在大规模电子标签/传感器多跳传输中是普遍存在的，其中电子标签/传感器 A 作为该通信模型的中继节点，协助电子标签/传感器 C 和电子标签/传感器 B 与 AP_2 通信。在基于能量收集的最优发送功率和分流算法的设计中，本章采用的便是 AP_2 和电子标签/传感器 A、B、C 之间的交互通信模型。

6.3 大规模标签/传感器传输协议设计

6.3.1 链路传输架构

本节提出了现有 IEEE 802.11ah WiFi 架构下的环境反向散射通信多跳传输协议，可有效提升整个网络的系统吞吐量，基本传输架构如图 6.2 所示。当射频能量检测器检测到来自 BackFi 读写器的激励信号后，识别单元将唤醒调制子系统，电子标签/传感器读取原始缓冲数据并通过反射相位调制器将它们调制为激励信号。作为中继节点的 BackFi AP 或电子标签/传感器则需要收集多个信号并将它们反射到读写器或上层节点，但是传统的电子标签/传感器仍然不支持数据转发，因此本节基于现有无线局域网架构，设计出后向兼容的环境反向散射多跳协同传输信令交互协议。

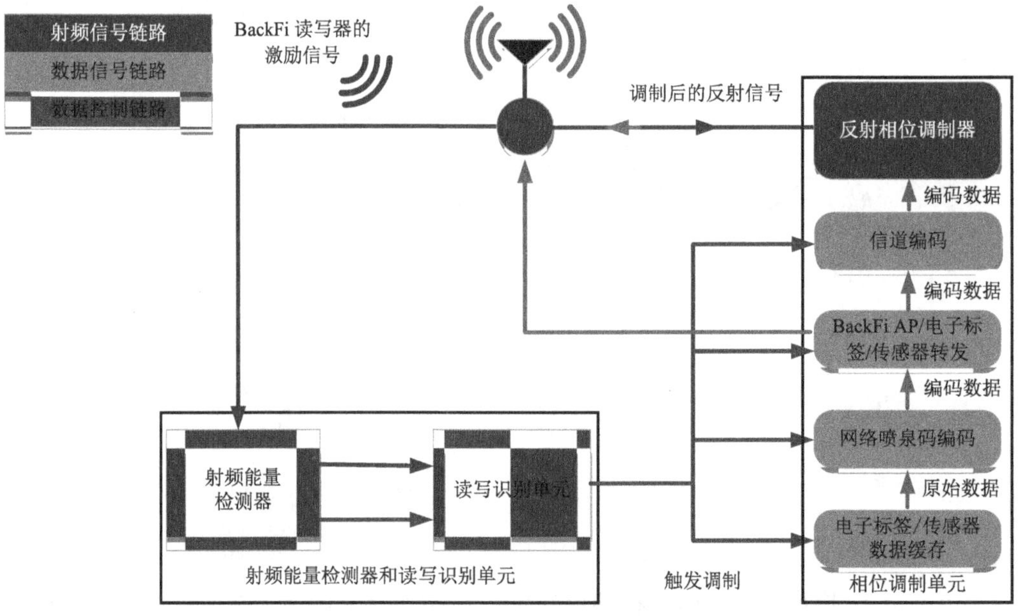

图 6.2 BackFi 的链路传输架构

6.3.2 信令交互协议

如图 6.1 所示，具体方法如下。

本章的后向兼容使用 CTS-to-Self 将所有传统站点置为监听无发送状态，将利用重新定义的新帧 Multi-RTS（图 6.3）对多路电子标签/传感器发送激励信号，其中 BackFi AP

和电子标签/传感器相关帧结构的“能力信息”字段可在关联阶段获取。其中，BackFi AP 在发送完 Multi-RTS 激励信号后，需在短帧间间隔（short interframe space，SIFS）（SIFS 时隙短可节省时间，也可作为其他帧间间隔）后发送含多路电子标签/传感器响应帧的发送顺序帧（顺序帧 Response-order 定义如图 6.4 所示），以避免信号冲突，收到激励信号的电子标签/传感器节点触发缓存数据的调制。

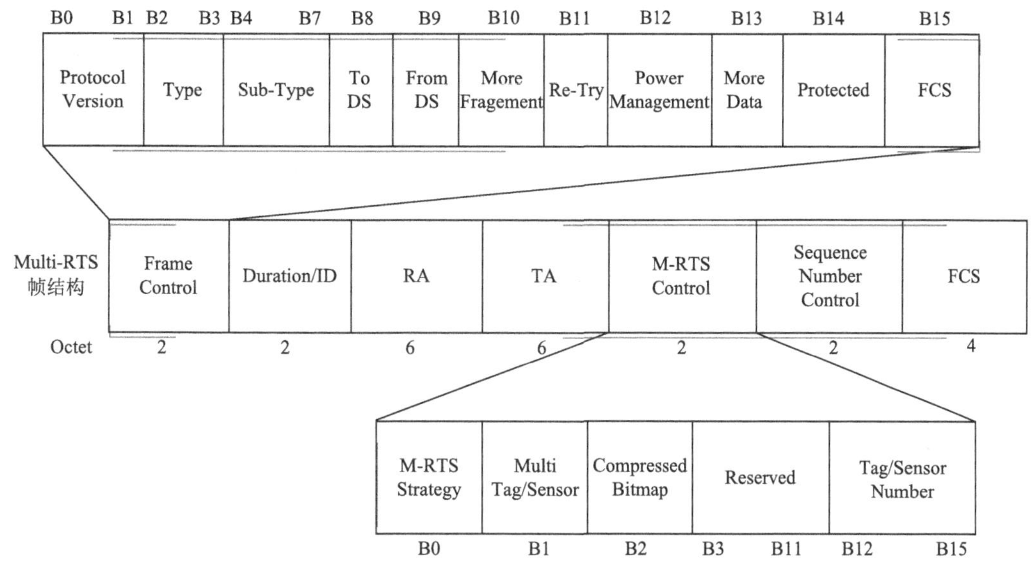

图 6.3　新定义的 Multi-RTS 帧结构

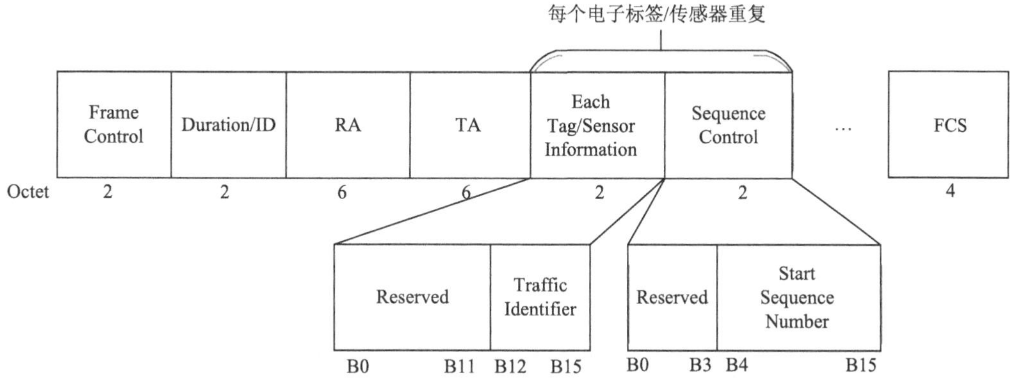

图 6.4　新定义的 Response-order 帧结构

传统 CTS-to-Self 帧是非响应帧，本章对其进行改进并命名为增强 CTS-to-Self 帧，可通过将该帧的 more data 位设置为 1 以激励 AP 或智能设备向下一跳转发(传统设备对该比特位是不检测的，若收到该帧，则默认处于 sleep/doze 状态，如图 6.3 中的“Frame Control”)，若采用 CTS-to-Self 发送激励信号，则需所有电子标签/传感器反射；若采用 Multi-RTS，则可选择一或多个电子标签/传感器实现反射通信。BackFi AP 若采用全双工模式，则需进行自干扰避免。例如，发送信号的信道号为 1，则环境反向散射的信道号可调整为 2，从而避免自干扰对系统吞吐量性能的影响。值得说明的是，若电子标签/传感器为单一反射信号，则可置 Multi Tag/Sensor 位为 0；若为多目标反射信号，则 Tag/Sensor Number 置为 1，同时 Multi-RTS 后需跟随一个子类型控制帧（帧结构如图 6.4 所示），以便于多个电子标签/传感器识别是否需反射信号。本章提出的 BackFi 环境反向散射多跳传输的信令交互流程如图 6.5 所示。

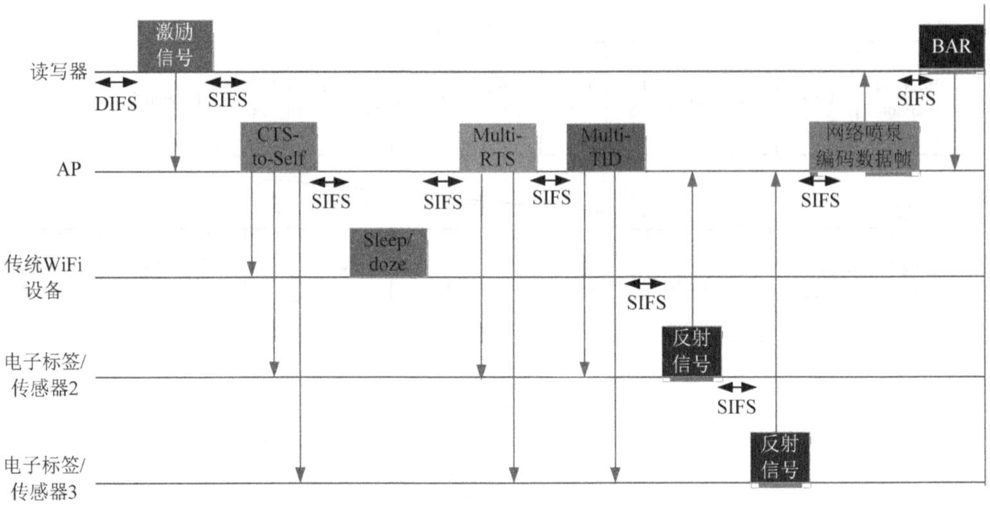

图 6.5　BackFi 环境反向散射多跳传输的信令交互流程

通过设计该协议，在不改动现有无线局域网机制 IEEE 802.11ah 的前提下，当存在较多无线局域网覆盖时，可利用现有无线局域网架构实现未来物联网的环境反向散射通信多跳传输技术。与传统方法相比，本章所提方案实现了大规模的电子标签/传感器环境反射通信，大幅度提高了系统的吞吐量。

6.4　最优资源分配算法

6.4.1　能量收集和信息传输

本节基于图 6.1 中 AP_2 和电子标签/传感器 A、B、C 之间的交互通信，联合优化 AP_2 的最佳发射功率及作为中继节点的电子标签/传感器 A 处的功率分流因子，以最大限度地提高整个物联网通信系统的能效，同时还要满足电子标签/传感器 B 节点收集的最小能量。

在第一跳传输阶段，作为中继节点的电子标签/传感器 A 从源节点 AP_2 经由无线信道获取能量，同时利用该源节点接收所需信息。从电子标签/传感器 A 到电子标签/传感器 B、C 的第二跳传输阶段，电子标签/传感器 A 利用从源节点收集到的能量，通过信息和能量传输的预编码设计算法将信号发送到电子标签/传感器 C，同时电子标签/传感器 B 进行能量收集。

在第一跳中的中继节点电子标签/传感器 A 处接收到的信号表示如下：

$$y_{\mathrm{R}} = \sqrt{p_{\mathrm{s}}} hx + n_1 \tag{6-1}$$

式中，p_{s} 为物联网网络中源节点的发射功率，接下来会对其进行优化；$h \sim \mathrm{CN}(0,1)$ 为从源端到中继节点的无线信道；x 为单位功率的发射信号；$n_1 \sim \mathrm{CN}\left(0, \sigma_1^2\right)$ 为中继节点处的加性高斯白噪声。

从中继节点采用功率分流法之后，发送的信号表示如下：

$$\tilde{y}_{\mathrm{R}} = \sqrt{\frac{p_{\mathrm{R}}}{\left\| y_{\mathrm{R,I}} \right\|_{\mathrm{F}}^2}} y_{\mathrm{R}} \tag{6-2}$$

式中，$y_{\mathrm{R,I}}$ 为中继节点经过功率分流后接收到的无线信号，有

$$\sqrt{\frac{p_{\mathrm{R}}}{\left\| y_{\mathrm{R,I}} \right\|_{\mathrm{F}}^2}} = \sqrt{\frac{(1-\rho)\left(p_{\mathrm{s}} \|h\|^2 + \sigma_1^2\right)}{\rho\left(p_{\mathrm{s}} \|h\|^2 + \sigma_1^2\right) + \sigma_z^2}} \tag{6-3}$$

在第二跳中，接收信号的电子标签/传感器 C 接收到的无线信息表示如下：

$$y_{\mathrm{I}} = g \tilde{y}_{\mathrm{R}} + n_{\mathrm{I}} \tag{6-4}$$

式中，$g \sim \mathrm{CN}(0,1)$ 为从中继节点到接收信号的电子标签/传感器 C 的无线信道；$n_{\mathrm{I}} \sim \mathrm{CN}(0, \sigma_{\mathrm{I}}^2)$ 为电子标签/传感器 C 处的加性高斯白噪声。与此同时，电子标签/传感器 B 收集能量，表示如下：

$$y_{\mathrm{E}} = f \tilde{y}_{\mathrm{R}} + n_{\mathrm{E}} \tag{6-5}$$

式中，$f \sim \mathrm{CN}(0,1)$ 为从中继节点到收集能量的电子标签/传感器 B 的无线信道；$n_{\mathrm{E}} \sim \mathrm{CN}(0, \sigma_{\mathrm{E}}^2)$ 为电子标签/传感器 B 处的加性高斯白噪声。

从式（6-4）可得到从源端 AP_2 通过电子标签/传感器 A 到达电子标签/传感器 C 的无线信息传输的数学模型：

$$y_{\mathrm{I}} = g \sqrt{\frac{(1-\rho)\left(p_{\mathrm{s}} \|h\|^2 + \sigma_1^2\right)}{\rho\left(p_{\mathrm{s}} \|h\|^2 + \sigma_1^2\right) + \sigma_z^2}} \left\{ \sqrt{\rho} \left(\sqrt{p_{\mathrm{s}}} hx + n_1 \right) \right\} + n_{\mathrm{I}} \tag{6-6}$$

基于式（6-6），可得电子标签/传感器 C 通过无线信道接收到的 SNR 表达式为

$$\mathrm{SNR}_{\mathrm{I}} = \frac{\|g\|^2 \rho(1-\rho) p_{\mathrm{s}} \|h\|^2 \left(p_{\mathrm{s}} \|h\|^2 + \sigma_1^2\right)}{\left[\rho\left(p_{\mathrm{s}} \|h\|^2 + \sigma_1^2\right) + \sigma_z^2\right] \sigma_{\mathrm{I}}^2 + \|g\|^2 \left(\sigma_z^2 + \rho \sigma_1^2\right)(1-\rho)\left(p_{\mathrm{s}} \|h\|^2 + \sigma_1^2\right)} \tag{6-7}$$

对于收集能量的电子标签/传感器 B，其接收到的功率$\|y_{\mathrm{E}}\|^2$为

$$\|y_{\mathrm{E}}\|^2=\sigma_{\mathrm{E}}^2+\|f\|^2(1-\rho)\left(p_{\mathrm{s}}\|h\|^2+\sigma_1^2\right) \tag{6-8}$$

基于式（6-7）和式（6-8），在满足最小收集功率的前提下，最大化系统的能效的优化问题可表示为

$$\begin{aligned}&\max_{p_{\mathrm{s}}}\ \frac{\log_2\left(1+\mathrm{SNR}_{\mathrm{I}}\right)}{ap_{\mathrm{s}}+b}\\&\text{s.t.}\ \ \sigma_{\mathrm{E}}^2+\|f\|^2(1-\rho)\left(p_{\mathrm{s}}\|h\|^2+\sigma_1^2\right)\geqslant\gamma_0\end{aligned} \tag{6-9}$$

式中，$\gamma_0>0$定义了电子标签/传感器 B 处收集的最小能量。

由于式（6-9）的优化问题为非凸优化，故还需使用高信噪比近似法。因此，式（6-7）可近似表达为

$$\mathrm{SNR}_{\mathrm{I}}'=\frac{p_{\mathrm{s}}\|h\|^2\rho(1-\rho)\|g\|^2}{\rho\sigma_{\mathrm{I}}^2+(1-\rho)\|g\|^2\rho\sigma_1^2} \tag{6-10}$$

接下来，将分别计算p_{s}和ρ的渐进最优解。

6.4.2 中继节点处功率分流因子的最优解

式（6-10）可以化简为

$$\mathrm{SNR}_{\mathrm{I}}'=\frac{p_{\mathrm{s}}\|h\|^2\|g\|^2-\rho p_{\mathrm{s}}\|h\|^2\|g\|^2}{\sigma_{\mathrm{I}}^2+\|g\|^2\sigma_1^2-\rho\|g\|^2\sigma_1^2} \tag{6-11}$$

将式（6-11）代入式（6-9），得

$$\begin{aligned}&\min_{p_{\mathrm{s}}}\frac{ap_{\mathrm{s}}+b}{\log_2\left(1+\mathrm{SNR}_{\mathrm{I}}'\right)}\\&\text{s.t.}\ \rho\leqslant1-\frac{\gamma_0-\sigma_{\mathrm{E}}^2}{\|f\|^2(p_{\mathrm{s}}\|h\|^2+\sigma_1^2)}\triangleq\omega\end{aligned} \tag{6-12}$$

则约束可以写为

$$\frac{1}{\log_2\left(1+\mathrm{SNR}_{\mathrm{I}}'\right)}\leqslant\frac{1}{\log_2\left(1+\dfrac{p_{\mathrm{s}}\|h\|^2\|g\|^2(1-\omega)}{\sigma_I^2+\|g\|^2\sigma_1^2(1-\omega)}\right)} \tag{6-13}$$

将式（6-13）代入式（6-12），得

$$\begin{aligned}&\min_{p_s}\ \frac{ap_s+b}{\log_2\left(1+\mathrm{SNR}_{\mathrm{I}}'\right)}\\&\text{s.t.}\ \frac{1}{\log_2\left(1+\mathrm{SNR}_{\mathrm{I}}'\right)}\leqslant\frac{1}{\log_2\left(1+\dfrac{p_s\|h\|^2\|g\|^2(1-\omega)}{\sigma_{\mathrm{I}}^2+\|g\|^2\sigma_1^2(1-\omega)}\right)}\end{aligned}\tag{6-14}$$

式（6-14）用拉格朗日函数表示为

$$\varOmega=\frac{ap_s+b}{\log_2\left(1+\mathrm{SNR}_{\mathrm{I}}'\right)}+\lambda\left\{\frac{1}{\log_2\left(1+\mathrm{SNR}_{\mathrm{I}}'\right)}-\frac{1}{\log_2\left(1+\dfrac{p_s\|h\|^2\|g\|^2(1-\omega)}{\sigma_{\mathrm{I}}^2+\|g\|^2\sigma_1^2(1-\omega)}\right)}\right\}\tag{6-15}$$

通过对 ρ 求一阶导数，并令其为 0，得到最优解为

$$\rho=1-\frac{\gamma_0-\sigma_{\mathrm{E}}^2}{\|f\|^2(p_s\|h\|^2+\sigma_1^2)}\tag{6-16}$$

6.4.3 源端发射功率的渐进最优解

式（6-10）可进一步写为

$$\mathrm{SNR}_{\mathrm{I}}'=p_s\frac{\|h\|^2(1-\rho)\|g\|^2}{\sigma_{\mathrm{I}}^2+(1-\rho)\|g\|^2\sigma_1^2}=\varPhi p_s\tag{6-17}$$

将式（6-17）代入式（6-9），公式可转化为

$$\begin{aligned}&\max_{p_s}\ \frac{\log_2\left(1+\varPhi p_s\right)}{ap_s+b}\\&\text{s.t.}\ \sigma_{\mathrm{E}}^2+\|f\|^2(1-\rho)\left(p_s\|h\|^2+\sigma_1^2\right)\geqslant\gamma_0\end{aligned}\tag{6-18}$$

在下文中，渐进最优解将通过使用拉格朗日乘子法以闭合形式导出。首先，式（6-18）可以重写为

$$\begin{aligned}&\min_{p_s}\ \frac{ap_s+b}{\log_2\left(1+\varPhi p_s\right)}\\&\text{s.t.}\ p_s\geqslant\frac{\gamma_0-\sigma_{\mathrm{E}}^2}{\|h\|^2\left(\|f\|^2(1-\rho)\right)}-\frac{\sigma_1^2}{\|h\|^2}\triangleq\xi\end{aligned}\tag{6-19}$$

其中，约束可以写为

$$\frac{1}{\log_2\left(1+\varPhi p_s\right)}\leqslant\frac{1}{\log_2\left(1+\varPhi\xi\right)}\tag{6-20}$$

将式（6-20）代入式（6-19），得

$$\begin{aligned}&\min_{p_s}\ \frac{ap_s+b}{\log_2\left(1+\Phi p_s\right)}\\&\text{s.t.}\ \frac{1}{\log_2\left(1+\Phi p_s\right)}\leqslant\frac{1}{\log_2\left(1+\Phi\xi\right)}\end{aligned}\tag{6-21}$$

式（6-21）用拉格朗日函数表示为

$$\tilde{\psi}=\frac{ap_s+b}{\log_2\left(1+\Phi p_s\right)}+\lambda\left\{\frac{1}{\log_2\left(1+\Phi p_s\right)}-\frac{1}{\log_2\left(1+\Phi\xi\right)}\right\}\tag{6-22}$$

式中，λ为拉格朗日乘子。

通过对p_s求一阶导数，并令其为0，有

$$\frac{\partial\tilde{\psi}}{\partial p_s}=\frac{a\log_2\left(1+\Phi p_s\right)-\left(ap_s+b\right)\frac{1}{\ln 2}\frac{\Phi p_s}{1+\Phi p_s}}{\left[\log_2\left(1+\Phi p_s\right)\right]^2}-\lambda\frac{\frac{\Phi}{\left(1+\Phi p_s\right)\ln 2}}{\left[\log_2\left(1+\Phi p_s\right)\right]^2}=0\tag{6-23}$$

化简为

$$a\log_2\left(1+\Phi p_s\right)-\left(ap_s+b\right)\frac{1}{\ln 2}\frac{\Phi p_s}{1+\Phi p_s}-\frac{\lambda\Phi}{\left(1+\Phi p_s\right)\ln 2}=0\tag{6-24}$$

因此，得到发送功率的最优解为

$$\begin{aligned}\ln 2\frac{1}{1+\Phi p_s}&=W\left\{\ln 2\frac{2^{\ln 2}}{a}a\frac{1}{\Phi\lambda+\frac{1}{\ln 2}\left(b\Phi-a\right)}\right\}\\&=W\left\{2^{\ln 2}\frac{1}{\ln 2\Phi\lambda+b\Phi-a}\right\}\end{aligned}\tag{6-25}$$

在解析表达式中推导出源节点AP_2的渐进最优发送功率为

$$p_s=\left(\frac{\ln 2}{W\left\{2^{\ln 2}\frac{1}{\ln 2\Phi\lambda+b\Phi-a}\right\}}-1\right)\frac{1}{\Phi}\tag{6-26}$$

6.4.4 迭代法

将式（6-26）的结果代入式（6-16），可以得到近似最优源端发送功率下的最优中继分流因子；同样地，把得到的最优功率分流因子代入式（6-26），依次循环，便可以无

限接近最优源端发送功率和中继分流因子。

为了便于理解本章基于能量收集的环境背反射多跳协作网络的优化方法，将所提方案以算法形式进行表达，如下。

算法 6.1　基于能量收集的环境背反射多跳协作网络优化算法

步骤 1：源端节点发送信号，中继节点接收到再经过分流之后发送的信号如式（6-2）所示。

步骤 2：信号在中继处分流，电子标签/传感器 C 接收到的信号和电子标签/传感器 B 接收到的能量分别如式（6-4）和式（6-5）所示。

步骤 3：基于能效最大化给出优化问题[式（6-9）]，采用高信噪比近似法对优化问题进行简化，得到式（6-10）。

步骤 4：利用拉格朗日乘子法分别对中继分流因子和源端发送功率进行优化，得到满足能效最大化的最优中继分流因子和发送功率[式（6-16）和式（6-26）]。

步骤 5：通过迭代法得到两个变量更加精确的最优值。

最后，通过公式可以方便地计算出物联网环境反向散射系统的最优发射功率及中继分流因子。

6.5　仿 真 分 析

本节分别对系统前传链路和回传链路进行数值仿真，首先对前传链路中优化发送功率和中继分流方案实现的物联网环境反向散射系统的能效进行数值模拟，其中：Monte Carlo 循环次数为 10000；功耗（$p_{\text{total}} = ap_{\text{t}} + b$）中参数 a 的范围为 5～10，b 的范围为 100～300；所有的噪声协方差设置为 $\sigma_{\text{I}}^2 = \sigma_{\text{E}}^2 = \sigma_z^2 = \sigma_1^2 = 1$；所有的信道参数服从 CN(0,1) 的正态分布；仿真工具采用 MATLAB。系统前传链路的简化模型如图 6.6 所示，信道服从 Rayleigh 分布。

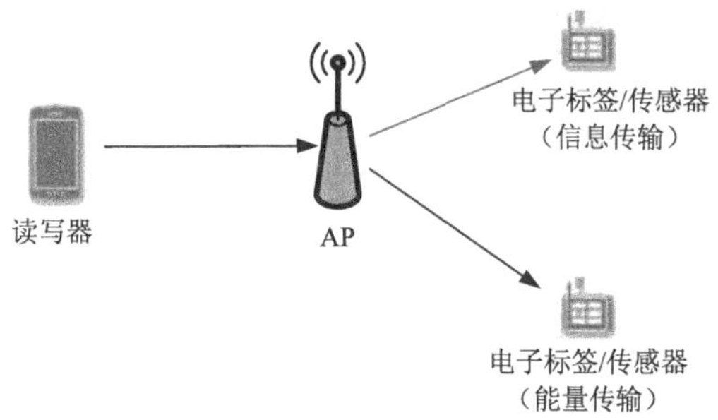

图 6.6　系统前传简化模型

图 6.7 对联合优化发送功率和固定功率分流因子及仅优化发送功率时整个物联网系统的能效函数进行了对比。由图 6.7 分析可知，当对源端发送功率和功率分流因子进行联合优化时，系统的能效高于功率分流因子分别为 0.1、0.5、0.9 时仅对源端发送功率进行优化的情况，进一步证明了本章中对联合优化研究的必要性。

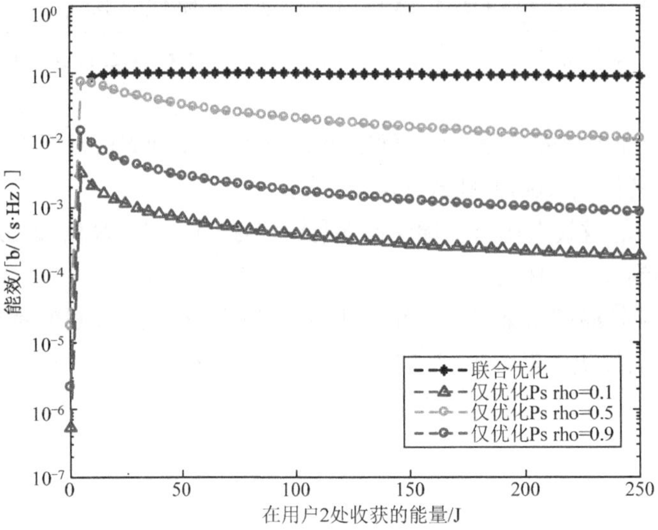

图 6.7 当 a=5，b=10 时，整个系统的能效函数

图 6.8 给出了对源端发送功率和功率分流因子进行联合优化后，不同功耗参数下，系统能效关于电子标签/传感器 B 收集的最小能量的函数，其中接收信息的电子标签/传感器的数量为 2。由图 6.8 分析可知，对于功耗模型的任意参数值，随着发送信噪比 γ_0 增加，能效呈上升状态，表明联合优化后的整个系统已经可以抵消系统的能耗并保持良好

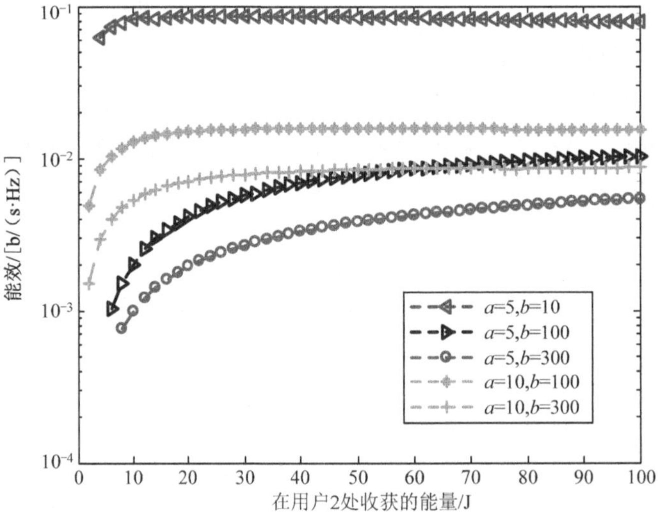

图 6.8 不同功耗参数下，系统联合优化的能效

的能效。另外，当参数值 a 不变时，b 值越小，能效越高。并且，当 b 值较大时，a 值的变化对系统能效的影响较小。图 6.8 证明系统整体能效的提升得益于本章所提传输方案及系统的联合优化。

接下来对回传链路进行仿真，系统的性能参数采用吞吐量和误比特率。图 6.9 给出了系统回传链路的系统模型。在回传链路中采用物理层网络编码来发送反射信号，以提高系统的稳固性。

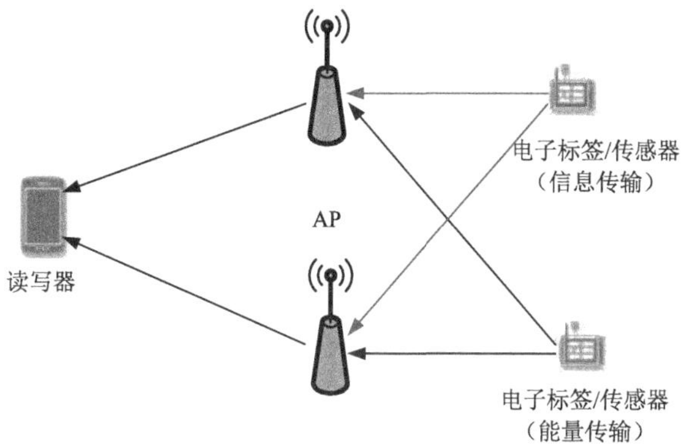

图 6.9　系统回传链路的系统模型

图 6.10 给出了环境反向散射通信系统回传链路的吞吐量。图 6.10 中对比了 Rayleigh 和 Nakagami-m 信道下回传链路采用物理层网络编码和中继直接译码转发时系统的吞吐量，可以明显看出，不管是 Rayleigh 信道还是 Nakagami-m 信道，回传链路采用物理层网络编码时系统的吞吐量都明显高于中继直接译码转发的情况。

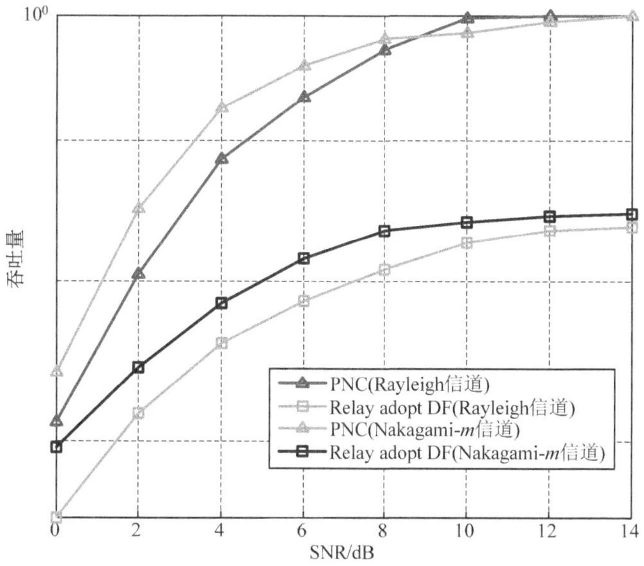

图 6.10　环境反向散射通信系统回传链路的吞吐量

图 6.11 给出了环境反向散射通信系统回传链路的误比特率。同样地，从图 6.11 中可以看出，采用物理层网络编码的回传链路系统误比特率低于中继直接译码转发的情况。这是因为网络编码可以更好地恢复发送信号，并且信号传输过程中物理层网络编码的处理方法将系统转发产生的误比特率降低到一定程度，从而显著提高了系统的吞吐量。

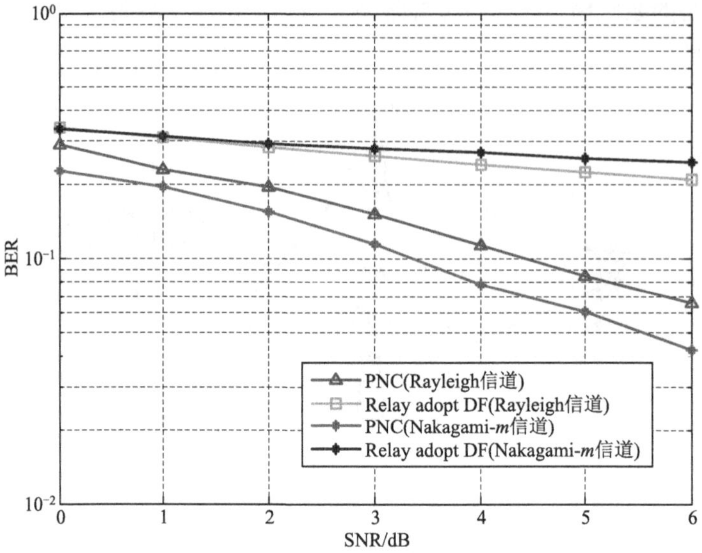

图 6.11 环境反向散射通信系统回传链路的误比特率

本 章 小 结

本章研究了物联网环境下的环境反向散射技术结合中继协同技术的新型通信网络。鉴于 WiFi 的广泛应用，首先基于现有 WiFi 架构设计了反向散射的传输方法，主要设计了后向兼容的环境反向散射多跳协同传输信令交互协议；然后对新型通信网络以能效最大化进行了优化分析，在保证用户 2 所需的能量下，利用高信噪比近似法和拉格朗日乘子法对源端节点的发射功率和中继节点的分流因子做了联合优化，并对系统前传链路的能效进行了仿真分析，证明对系统源端发送功率和功率分流因子进行联合优化的有效性；进一步地，又对系统回传链路进行了仿真，给出了系统回传链路的吞吐量和误比特率，证明了回传链路采用物理层网络编码的有效性。

参考文献

[1] PALATTELLA M, DOHLER M, GRIECO A, et al. Internet of things in the 5G era: Enablers, architecture, and business models[J]. IEEE Journal on selected areas in communications, 2016, 34 (3): 510-527.

[2] LI S, XU L, ZHAO S. 5G Internet of things: A survey[J]. Journal of industrial information integration, 2018(10): 1-9.

[3] EJAZ W, ANPALAGAN A, IMRAN M A, et al. Internet of things (IoT) in 5G wireless communications[J]. IEEE access, 2016(4): 10310-10314.

[4] SENDONARIS A, ERKIP E, AAZHANG B. User cooperation diversity-part I: System description[J]. IEEE transactions on communicationsn, 2003, 51(11): 1927-1938.

[5] SENDONARIS A, ERKIP E, AAZHANG B. User cooperation diversity-Part II: Implementation aspects and performance analysis[J]. IEEE transactions on communications, 2003, 51(11): 1939-1948.

[6] KRAMER G, GASTPAR M, GUPTA P. Cooperative strategies and capacity theorems for relay networks[J]. IEEE transactions on information theory, 2005, 51(9): 3037-3063.

[7] LANEMAN J N, WORNELL G W. Energy-efficient antenna sharing and relaying for wireless networks[C]// 2000 IEEE Wireless Communications and Networking Conference. Conference Record (Cat. No. 00TH8540). Chicago: IEEE, 2000(1): 7-12.

[8] TIMUS B. A coverage analysis of amplify-and-forward relaying schemes in outdoor urban environment[C]// 2006 International Conference on Wireless and Mobile Communications (ICWMC'06). Bucharest: IEEE, 2006: 56-56.

[9] COVER T, GAMAl A E L. Capacity theorems for the relay channel[J]. IEEE transactions on information theory, 1979, 25(5): 572-584.

[10] SCHULTZ D, COLETT LI, NAVAIE K. Relaying concepts and supporting actions in the context of CGs[R]. IST-4-027756 WINNER I, D3.5.1. v.1.0.2006.

[11] HOYMANN C, DALLAS P. Flexible relay wireless OFDM-based networks[J/OL]. http://fireworks.intranet.gr/Others/FIREWORKS%20Project%20S ummary.pdf.

[12] IEEE 802.16 Broadband Wireless Access Working Group. Proposal for multi-hop relay simulation test scenario in relay evaluation methodology[J]. IEEE C802. 16m-09/0217r1, 2009.

[13] IEEE 802.16 Broadband Wireless Access Working Group. IEEE 802.16m evaluation methodology document[J]. IEEE 802.16m-08/004r5, 2009.

[14] PAULRAJ A, ROHIT A P, NABAR R, et al. Introduction to space-time wireless communications[M]. Cambridge: Cambridge University Press, 2003.

[15] JAFAR S A, GOMADAM K S, HUANG C. Duality and rate optimization for multiple access and broadcast channels with amplify-and-forward relays[J]. IEEE transactions on information theory, 2007, 53(10): 3350-3370.

[16] WANG B, ZHANG J, HOST-MADSEN A. On the capacity of MIMO relay channels[J]. IEEE transactions on information theory, 2005, 51(1): 29-43.

[17] BOLCSKEI H, NABAR R U, OYMAN O, et al. Capacity scaling laws in MIMO relay networks[J]. IEEE transactions on wireless communications, 2006, 5(6): 1433-1444.

[18] ADINOYI A, YANIKOMEROGLU H. Cooperative relaying in multi-antenna fixed relay networks[J]. IEEE transactions on wireless communications, 2007, 6(2): 533-544.

[19] HASNA M O, ALOUINI M S. Optimal power allocation for relayed transmissions over Rayleigh-fading channels[J]. IEEE transactions on wireless communications, 2004, 3(6): 1999-2004.

[20] ZHANG J M, ZHANG Q, SHAO C J, et al. Adaptive optimal transmit power allocation for two-hop non-regenerative wireless relaying system[C]// 2004 IEEE 59th Vehicular Technology Conference. VTC 2004-Spring (IEEE Cat. No.

04CH37514). Milan: IEEE, 2004(2): 1213-1217.

[21] YI Z, KIM I M. Joint optimization of relay-precoders and decoders with partial channel side information in cooperative networks[J]. IEEE journal on selected areas in communications, 2007, 25(2): 447-458.

[22] TANG X, HUA Y. Optimal design of non-regenerative MIMO wireless relays[J]. IEEE transactions on wireless communications, 2007, 6(4): 1398-1407.

[23] 周明宇，李立华，王海峰，等. MIMO-OFDM 接力通信系统的最优功率分配[J]. 电子学报，2009，37(1)：26-30.

[24] BOYD S, VANDENBERGHE L. Convex optimization[M]. Cambridge: Cambridge University Press, 2004.

[25] FANG Z, HUA Y, KOSHY J C. Joint source and relay optimization for a non-regenerative MIMO relay[C]// Fourth IEEE Workshop on Sensor Array and Multichannel Processing. Waltham: IEEE, 2006: 239-243.

[26] ZHANG X J, GONG Y. Adaptive power allocation for regenerative relaying with multiple antennas at the destination[J]. IEEE transactions on wireless communications, 2009, 8(6): 2789-2794.

[27] ZHANG X J, GONG Y. Adaptive power allocation for multihop regenerative relaying with limited feedback[J]. IEEE transactions on vhicular technology, 2009, 58(7): 3862-3867.

[28] TOOHER P, SOLEYMANI M R. Power allocation for wireless communications using variable time-fraction collaboration[C]// 2009 IEEE International Conference on Communications. Dresden: IEEE, 2009: 1-5.

[29] SENTHURAN S, ANPALAGAN A, DAS O. Cooperative subcarrier and power allocation for a two-hop decode-and-forward OFCMD based relay network[J]. IEEE transactions on wireless communications, 2009, 8(9): 4797-4805.

[30] WANG G, TELLAMBURA C. Super-imposed pilot-aided channel estimation and power allocation for relay systems[C]// 2009 IEEE Wireless Communications and Networking Conference. Budapest: IEEE, 2009: 1-6.

[31] ZUARI L, CONTI A, TRALLI V. Effects of relay position and power allocation in space-time coded cooperative wireless systems[C]// 2009 6th International Symposium on Wireless Communication Systems. Siena: IEEE, 2009: 700-704.

[32] NGUYEN D H N, NGUYEN H H, TUAN H D. Power allocation and error performance of distributed unitary space-time modulation in wireless relay networks[J]. IEEE transactions on vehicular technology, 2009, 58(7): 3333-3346.

[33] FAREED M M, UYSAL M. BER-optimized power allocation for fading relay channels[J]. IEEE transactions on wireless communications, 2008, 7(6): 2350-2359.

[34] GEDIK B, AMIN O, UYSAL M. Power allocation for cooperative systems with training-aided channel estimation[J]. IEEE transactions on wireless communications, 2009, 8(9): 4773-4783.

[35] MA J, ORLIK P, ZHANG J, et al. Static power allocation in two-hop MIMO amplify-and-forward relay systems[C]// VTC Spring 2009-IEEE 69th Vehicular Technology Conference. Barcelona: IEEE, 2009: 1-5.

[36] HÉLIOT F, FAZEL S, HOSHYAR R, et al. Receive knowledge only power allocation for nonregenerative cooperative MIMO communication[C]// 2009 IEEE 10th Workshop on Signal Processing Advances in Wireless Communications. Perugia: IEEE, 2009: 524-528.

[37] IZI Y A, FALAHATI A. On the cooperation and power allocation schemes for multiple-antenna multiple-relay networks[C]// 2009 5th International Conference on Wireless and Mobile Communications. Beijing: IEEE, 2009: 44-48.

[38] LANG Y , WUBBEN D , KAMMEYER K D . Power allocations for adaptive distributed MIMO multi-hop networks[C]// IEEE International Conference on Communications (ICC'09). Dresden: IEEE, 2009: 1-5.

[39] GUAN W, LUO H. Joint MMSE transceiver design in non-regenerative MIMO relay systems[J]. IEEE communications letters, 2008, 12(7): 517-519.

[40] PALOMAR D P. A unified framework for communications through MIMO channels[D]. Catalonia: Technical University of Catalonia (UPC), 2003.

[41] CODREANU M, TOLLI A, JUNTTI M, et al. Joint design of Tx-Rx beamformers in MIMO downlink channel[J]. IEEE transactions on signal processing, 2007, 55(9): 4639-4655.

[42] ZHAO Y, ADVE R, LIM T J. Improving amplify-and-forward relay networks: optimal power allocation versus selection[C]// 2006 IEEE International Symposium on Information Theory. Seattle: IEEE, 2006: 1234-1238.

[43] WANG L, PAN C P, CAI Y M. Throughput analysis and system parameter optimization of space sense based random access

for TDD WLANs[C]// Proceedings of the 15th Asia-Pacific Conference on Communications (APCC). Shanghai: IEEE, 2009: 62-65.

[44] TSINOS C G, BERBERIDIS K. An adaptive beamforming scheme for cooperative wireless networks[C]// IEEE 16th International Conference on Digital Signal Processing. Santorini: IEEE, 2009: 1-6.

[45] WANG L, ZHANG C, ZHANG J, et al. Distributed beamforming with limited feedback in regenerative cooperative networks[C]// 2009 5th International Conference on Wireless Communications, Networking and Mobile Computing. Beijing: IEEE, 2009: 1-4.

[46] ZHAO Y, ADVE R, LIM T J. Beamforming with limited feedback in amplify-and-forward cooperative networks-[transactions latters][J]. IEEE transactions on wireless communications, 2008, 7: 5145-5149.

[47] CHEN H H, GERSHMAN A B, SHAHBAZPANAHI S. Filter-and-forward distributed beamforming in relay networks with frequency selective fading[J]. IEEE transactions on signal processing, 2010, 58(3): 1251-1262.

[48] JING Y, JAFARKHANI H. Single and multiple relay selection schemes and their achievable diversity orders[J]. IEEE transactions on wireless communications, 2009, 8(3): 1414-1423.

[49] JING Y, JAFARKHANI H. Network beamforming using relays with perfect channel information[J]. IEEE transactions on information theory, 2009, 55(6): 2499-2517.

[50] LANEMAN J N, TSE D N C, WORNELL G W. Cooperative diversity in wireless networks: Efficient protocols and outage behavior[J]. IEEE transactions on information theory, 2004, 50(12): 3062-3080.

[51] TOKER E S, CELEBI M E. Outage analysis in a cooperative system with beamforming and worst relay cancellation[C]// 2009 5th International Conference on Wireless and Mobile Communications. Cannes: IEEE, 2009: 223-227.

[52] CHEN H, GERSHMAN A B, SHAHBAZPANAHI S. Distributed peer-to-peer beamforming for multiuser relay networks[C]// 2009 IEEE International Conference on Acoustics, Speech and Signal Processing. Taipei: IEEE, 2009: 2265-2268.

[53] EL-KEYI A, CHAMPAGNE B. Collaborative uplink transmit beamforming with robustness against channel estimation errors[J]. IEEE transactions on vehicular technology, 2008, 58(1): 126-139.

[54] EL-KEYI A, CHAMPAGNE B. Adaptive training-based collaborative MIMO beamforming for multiuser relay networks[C]// VTC Spring 2009-IEEE 69th Vehicular Technology Conference. Barcelona: IEEE, 2009: 1-5.

[55] TALEBI A, KRZYMIEN W A. Multiple-antenna multiple-relay cooperative communication system with beamforming[C]// VTC Spring 2008-IEEE Vehicular Technology Conference. Marina Bay: IEEE, 2008: 2350-2354.

[56] DA COSTA D B, AÏSSA S. Beamforming in dual-hop fixed gain relaying systems[C]// 2009 IEEE International Conference on Communications. Dresden: IEEE, 2009: 1-5.

[57] DA COSTA D B, AÏSSA S. Cooperative dual-hop relaying systems with beamforming over Nakagami-m fading channels[J]. IEEE transactions on wireless communications, 2009, 8(8): 3950-3954.

[58] DUONG T Q, ZEPERNICK H J, BAO V N Q. Symbol error probability of hop-by-hop beamforming in Nakagami-m fading[J]. Electronics letters, 2009, 45(20): 1042-1044.

[59] LOVE D J, HEATH R W. Equal gain transmission in multiple-input multiple-output wireless systems[J]. IEEE transactions on communications, 2003, 51(7): 1102-1110.

[60] WANG X. Improved steplength by more practical information in the extragradient method for monotone variational inequalities[J]. Journal of optimization theory and applications, 2009, 141(3): 661-676.

[61] MUÑOZ-MEDINA O, VIDAL J, AGUSTIN A. Linear transceiver design in nonregenerative relays with channel state information[J]. IEEE transactions on signal processing, 2007, 55(6): 2593-2604.

[62] BEHBAHANI A S, MERCHED R, ELTAWIL A M. Optimizations of a MIMO relay network[J]. IEEE transactions on signal processing, 2008, 56(10): 5062-5073.

[63] RANKOV B, WITTNEBEN A. Spectral efficient protocols for half-duplex fading relay channels[J]. IEEE journal on selected areas in communications, 2007, 25(2): 379-389.

[64] Shannon C E. Two-way communication channels[J]. 4th Berkeley symposium on math statistics and probability, 1961, 1:

611-644.

[65] AHLSWEDE R, CAI N, LI S Y R, et al. Network information flow[J]. IEEE transactions on information theory, 2000, 46(4): 1204-1216.

[66] ZHANG R, LIANG Y C, CHAI C C, et al. Optimal beamforming for two-way multi-antenna relay channel with analogue network coding[J]. IEEE journal selected areas in communications, 2009, 27(5): 699-712.

[67] ZHANG R, CHAI C C, LIANG Y C. On ergodic sum capacity of fading cognitive multiple-access and broadcast channels[J]. IEEE transactions on information theory, 2009, 55(11): 5161-5178.

[68] YI Z, KIM I M. Finite-SNR diversity-multiplexing tradeoff and optimum power allocation in bidirectional cooperative networks[J]. arXiv preprint arXiv: 0810.2746, 2008.

[69] NGO H Q, QUEK T Q S, SHIN H. Amplify-and-forward two-way relay channels: Error exponents[C]// Proceedings of the 2009 IEEE International Conference on Symposium on Information Theory. Seoul: IEEE, 2009, 3: 2028-2032.

[70] NGO H Q, QUEK T Q S, SHIN H. Reliable amplify-and-forward two-way relay networks[C]// 2009 International Conference on Wireless Communications & Signal Processing. Nanjing: IEEE, 2009: 1-5.

[71] PING J, TING S H. Rate performance of AF two-way relaying in low SNR region[J]. IEEE communications letters, 2009, 13(4): 233-235.

[72] HAN Y, TING S H, HO C K, et al. Performance bounds for two-way amplify-and-forward relaying[J]. IEEE transactions on wireless communications, 2009, 8(1): 432-439.

[73] YI Z, KIM I M. An opportunistic-based protocol for bidirectional cooperative networks[J]. IEEE transactions on wireless communications, 2009, 8(9): 4836-4847.

[74] LI Q, TING S H, PANDHARIPANDE A, et al. Adaptive two-way relaying and outage analysis[J]. IEEE transactions on wireless communications, 2009, 8(6): 3288-3299.

[75] GAO F, ZHANG R, LIANG Y C. Optimal channel estimation and training design for two-way relay networks[J]. IEEE transactions on communications, 2009, 57(10): 3024-3033.

[76] GAO F F, ZHANG R, LIANG Y C. Channel estimation for OFDM modulated two-way relay networks[J]. IEEE transactions on signal processing, 2009, 57(11): 4443-4455.

[77] PARK M, KIM S L. A minimum mean-squared error relay for the two-way relay channel with network coding[J]. IEEE communications letters, 2009, 13(3): 196-198.

[78] CUI T, HO T, KLIEWER J. Memoryless relay strategies for two-way relay channels[J]. IEEE transactions on communications, 2009, 57(10): 3132-3143.

[79] CHEN M, YENER A. Multiuser two-way relaying: Detection and interference management strategies[J]. IEEE Transactions on Wireless Communications, 2009, 8(8): 4296-4305.

[80] JITVANICHPHAIBOOL K, ZHANG R, LIANG Y C. Optimal resource allocation for two-way relay-assisted OFDMA[J]. IEEE transactions on vehicular technology, 2009, 58(7): 3311-3341.

[81] JOUNG J, SAYED A H. Multiuser two-way amplify-and forward relay processing and power control methods for beamforming systems[J]. IEEE transactions on signal processing, 2010, 58(3): 1833-1846.

[82] SKOG I, HANDEL P. Synchronization by two-way message exchanges: Cramer-Rao bounds, approximate maximum likelihood, and offshore submarine positioning[J]. IEEE transactions on signal processing, 2010, 58(4): 2351-2362.

[83] YI Z, KIM I M. Optimum beamforming in the broadcasting phase of bidirectional cooperative communication with multiple decode-and-forward relays[J]. IEEE transactions on wireless communications, 2009, 8(12): 5806-5812.

[84] ANEJA Y P, BARI A, JAEKEL A, et al. Minimum energy strong bidirectional topology for Ad Hoc wireless sensor networks[C]// 2009 IEEE International Conference on Communications. Dresden: IEEE, 2009: 1-5.

[85] TRUONG K T, WEBER S, HEATH Jr R W. Transmission capacity of two-way communication in wireless Ad Hoc networks[C]/ /2009 IEEE International Conference on Communications. Dresden: IEEE, 2009: 14-18.

[86] HAVARY-NASSAB V, SHAHBAZPANAHI S, GRAMI A. Optimal network beamforming for bi-directional relay networks[C]// 2009 IEEE International Conference on Acoustics, Speech and Signal Processing. Taipei: IEEE, 2009:

2277-2280.

[87] AU-YEUNG C K, LOVE D J. Optimization and tradeoff analysis of two-way limited feedback beamforming systems[J]. IEEE transactions on wireless communications, 2009, 8(5): 2570-2579.

[88] OECHTERING T J, JORSWIECK E A, WYREMBELSKI R F, et al. On the optimal transmit strategy for the MIMO bidirectional broadcast channel[J]. IEEE transactions on communications, 2009, 57(12): 3817-3826.

[89] DO T T, OECHTERING T G, SKOGLUND M. Optimal transmission for the MIMO bidirectional broadcast channel in the wideband regime[J]. IEEE transactions on signal processing, 2003, 61(20): 5103-5166.

[90] PHAM T H, LIANG Y C, NALLANATHAN A, et al. Optimal training sequences for channel estimation in bi-directional relay networks with multiple antennas[J]. IEEE transactions on communications, 2010, 58(2): 474-479.

[91] ZHANG R, LIANG Y C, CUI S. Dynamic resource allocation in cognitive radio networks: A convex optimization perspective[J]. IEEE signal processing magazine: special issue on convex optimization on signal processing, 2010, 27(3): 102-114.

[92] ESLI C, WITTNEBEN A. One-and two-way decode-and-forward relaying for wireless multiuser MIMO networks[C]// IEEE GLOBECOM 2008-2008 IEEE Global Telecommunications Conference. New Orleans: IEEE, 2008: 1-6.

[93] LARSSON P, JOHANSSON N, SUNELL K E. Coded bi-directional relaying[C]// 2006 IEEE 63rd Vehicular Technology Conference (VTC). Melbourne: IEEE, 2006: 851-855.

[94] SANG J K, MITRAN P, TAROKH V. Performance bounds for bi-directional coded cooperation protocols[J]. IEEE transactions on information theory, 2008, 54(11): 5235-5241.

[95] LI Z, XIA X G. An alamouti coded OFDM transmission for cooperative systems robust to both timing errors and frequency offsets[J]. IEEE transactions on wireless communications, 2008, 7(5): 1839-1844.

[96] CUI T, GAO F, HO T, et al. Distributed space-time coding for two-way wireless relay networks[J]. IEEE transactions on signal processing, 2009, 57(2): 658-671.

[97] UNGER T, KLEIN A. Linear transceiver filters for relay stations with multiple antennas in the two-way relay channe[C]// IEEE 2007 16th IST Mobile and Wireless Communications, Summit. Budapest: IEEE, 2007: 1-5.

[98] 朱道元，吴诚鸥，秦伟良. 多元统计分析与软件 SAS[M]. 南京：东南大学出版社，1999.

[99] 杨绿溪. 现代数字信号处理[M]. 北京：科学出版社，2007.

[100] HAVARY-NASSAB V, SHAHBAZPANAHI S, GRAMI A, et al. Distributed beamforming for relay networks based on second-order statistics of the channel state information[J]. IEEE transactions on signal processing, 2008, 56(9): 4306-4316.

[101] OECHTERING T J, WYREMBELSKI R F, BOCHE H. Multiantenna bidirectional broadcast channelsa: Optimal transmit strategies[J]. IEEE transactions on signal processing, 2009, 57(5): 1948-1958.

[102] GOMADAM K S, JAFAR S A. The effect of noise correlation in amplify-and-forward relay networks[J]. IEEE transactions on information theory, 2009, 55(2): 731-745.

[103] DING Z, CHIN WH, LEUNG K K. Distributed beamforming and power allocation for cooperative networks[J]. IEEE transactions on wireless communications, 2008, 7(5): 1817-1823.